DER HEILENDE GARTEN

DER HEILENDE GARTEN

Oase für Körper, Geist und Seele

SUE MINTER

monte von DUMONT

Für Penny und für alle Mitarbeiter und freiwilligen Helfer im Chelsea Physic Garden

Abbildung Seite 2: Drei wichtige Heilpflanzen: Schlafmohn, aus dem Morphin gewonnen wird; gelber Honigklee, dessen Wirkung man bei der Entwicklung von Mitteln gegen Thrombose nachgeahmt hat; Mutterkraut, das man bei Migräne anwendet

Hinweis: Viele der hier erwähnten Pflanzen sind von pharmazeutischem Wert, ihre Nennung in diesem Buch ist keine Bescheinigung ihrer Unbedenklichkeit. Der Verlag weist ausdrücklich darauf hin, daß ihre Anwendung nur in Absprache mit einem Arzt oder Apotheker erfolgen sollte.

Die Deutsche Bibliothek – CIP-Einheitsaufnahme

Der **heilende Garten** : Oase für Körper, Geist und Seele / Sue Minter. [Aus dem Engl. von Annette Roellenbleck]. – Dt.-sprachige Sonderausg. – Köln : DuMont, 1998
Einheitssacht.: The Healing Garden <dt.>
ISBN 3-7701-4600-X

Aus dem Englischen von Annette Roellenbleck

Titel der englischen Ausgabe: The Healing Garden – A natural haven for emotional and physical well-being
Gestaltung: Geraldine Christy

Umschlaggestaltung: Groothuis + Malsy, Bremen

Satz der deutschsprachigen Ausgabe: Rasch, Bramsche
Printed in India

ISBN 3-7701-4600-X

INHALT

VORBEMERKUNG

›Alles Leben auf der Erde hängt an den Pflanzen‹, doch das macht man sich gewöhnlich erst im Umgang mit den Pflanzen im eigenen Garten bewußt. Und wer denkt bei einem verschriebenen Medikament mit unaussprechlichen Wirkstoffen noch an die Heilkraft der Pflanzen, mit der die Pharmaziegeschichte einst begann.

Dieses Buch versucht, die Bedeutung der Pflanzen in der Medizin wieder in unser aller Bewußtsein zu bringen und auch die Definition von Heilung so zu erweitern, daß sie jene Therapien einbezieht, in denen der Garten zur Erholung, zur Selbstfindung und zum kreativen Zusammenspiel mit der natürlichen Welt herangezogen wird.

Für Menschen, die mit dem Boden arbeiten, ist unsere Abhängigkeit von den Pflanzen eine selbstverständliche Gegebenheit des täglichen Lebens, und in Gemeinschaften, die auf Ackerbau gegründet sind, ist die Sorge um die Erhaltung der Lebensgrundlage Umwelt naturgemäß größer, ist das Land doch nur von den Kindern geborgt. Städtische Gesellschaften haben sich dieses Bewußtsein nicht bewahren können und bedürfen der Rückbesinnung.

In irgendeiner Form hat Heilkunde immer auf die regenerierende Kraft von Pflanzen vertraut. Dieses Buch versucht, die verschiedenen Möglichkeiten aufzuzeigen, es versteht sich nicht als Propaganda für eine bestimmte Therapie. Zugleich ist es ein praktisches Buch für den Gärtner, in dem vieles auf meiner eigenen Erfahrung beruht, und es möchte den Blick dafür schärfen, wie man Gartenelemente konzipieren, Anpflanzungen planen und Pflanzen gezielt so einsetzen kann, daß Gärten mit ganz individueller Heilwirkung entstehen.

Die fünf Sinne Gesicht, Gehör, Gefühl, Geschmack und Geruch ziehen sich wie ein roter Faden durch das ganze Buch. Denn es sind unsere Sinne, die uns mit der Welt der Natur verbinden und durch die wir den Garten als einen heilenden Ort erfahren können. So gesehen hat das Anlegen eines Heilgartens auch einen psychologischen Aspekt, gilt es doch die individuellen Bedürfnisse zu erkennen und zum Ausdruck zu bringen.

Indem ich dies schreibe, ist mit bewußt, welchen persönlichen Gewinn die vielen freiwilligen Mitarbeiter im Chelsea Physic Garden von ihrer Verbindung mit diesem Gelände haben und wie viele pharmazeutische Firmen inzwischen hier die heilenden Eigenschaften der Pflanzen neu entdecken wollen. Vielleicht kehrt langsam das Bewußtsein zurück, welchen Wert die Welt der Pflanzen besitzt und was sie uns geben kann. Es wäre eine so wichtige Erkenntnis in einer Zeit, die den vielen Umweltbelastungen zu begegnen sucht. Das sollte unsere Hoffnung sein.

Sue Minter
Oktober 1992

Eine Ecke im Chelsea Physic Garden in London, ein Ort der Entspannung in städtischer Hektik

1. KAPITEL

DIE NATUR-HEILKUNDE

Botanik und Medizin Hand in Hand

›Es gibt keine Krankheit, wohl aber eine Pflanze, die sie heilen kann.‹ In dieser Überzeugung wurzelte nicht nur die antike, sondern auch die neuzeitliche Pharmazie. Wiesen, Felder und Wälder waren die Apotheke der Natur, und die Heilkundigen identifizierten ihre Pflanzen nach Beschreibungen und Illustrationen in Kräuterbüchern (Herbarien).

Klöster, Zünfte und Universitäten richteten spezielle Apothekergärten ein, damit die Ärzte die wichtigsten Heilpflanzen vor Ort studieren und verwenden konnten. Aus diesen Gärten entwickelte sich der moderne botanische Garten.

In vielen Kulturen auf der ganzen Welt ist das Bewußtsein, wie wichtig Pflanzen in der Medizin sind, bis heute lebendig geblieben. Heilkräuter werden für den Eigenbedarf angebaut, in der freien Natur gesammelt oder auf medizinischen Pflanzenmärkten gehandelt. Beim Einnehmen einer Kapsel oder Tablette denkt man gewöhnlich nicht daran, daß diese Medikamente aus Pflanzen entwickelt worden sind. Dennoch sind die weitaus meisten ursprünglich ›grüne Medikamente‹.

In diesem modernen Heilkräutergarten erinnert die ›Sonnenuhr‹ mit Mörser und Pistill daran, daß solche Gärten früher beim Studium der heilenden Eigenschaften von Pflanzen eine wichtige Rolle spielten.

HEILKUNDE IN DER ANTIKE

Seit Menschen versuchen, Krankheiten zu kurieren, ist Heilkunde mehr als ein praktisches Handwerk, es ist zugleich eine Philosophie, die das Eingebundensein des einzelnen oder einer Gruppe in eine natürliche, religiöse oder übernatürliche ›Weltordnung‹ spiegelt. Es gibt kulturell bedingte Unterschiede zwischen den Heilverfahren, doch liegt vielen die Vorstellung des Körpers als Mikrokosmos, der im Gleichgewicht gehalten werden muß, zugrunde. Und fast ausnahmslos haben sich die Heilkundigen aller Kulturen dazu in irgendeiner Weise der Pflanzen bedient.

Die Anfänge der Medizin

Für die Kulturen, die sich aus der Wiege der Zivilisation im Mittleren Osten entwickelt haben, liegen die ersten Wurzeln der Medizin in Mesopotamien (4000–1500 v. Chr.), wo man glaubte, Krankheit entstehe durch Einflußnahme böswilliger Gottheiten, weshalb die Behandlungsweise Exorzismen vorsah. Seit 2000 v. Chr. wird die Magie allmählich von einer eher wissenschaftlichen Beobachtung der Symptome überlagert. Behandelt wird mit Heilzauber, aber auch mit auf Pflanzen basierenden Arzneien.

Auch die Ägypter glaubten sowohl an übernatürliche wie an natürliche Ursachen von Krankheiten und erwarben umfangreiche Kenntnisse über Pflanzendrogen. Später, in römischer Zeit, galten sie als die Hauptexporteure von Opium. Es waren ägyptische Ärzte, die erstmals Sennesblätter (Fiederblätter der Kassie) und Wunderbaum *(Ricinus communis)* als Purgative (Abführmittel) verordneten, und Ärzte wie Imhotep (um 2600 v. Chr.) waren dafür berühmt, Drogen in Verbindung mit religiösen Ritualen einzusetzen. Patron der Ärzteschaft war Thot, Gott der Schrift, der Literatur und der Wissenschaft, und man weiß, daß den Ärzten ein umfangreiches medizinisches Schrifttum zur Verfügung stand.

Griechische und römische Heilkunde

In Griechenland stellte Aristoteles (384–322 v. Chr.) die Bedeutung des Übernatürlichen in der Medizin in Frage und entwickelte eine ›logische‹ Sicht des menschlichen Körpers, der aus vier ›Säften‹ zusammengesetzt sei – eine Idee, die bereits von den vielen Autoren des ›Corpus hippocraticum‹ aus dem 5. Jahrhundert v. Chr. formuliert worden war. Diese Flüssigkeiten (Blut, Schleim, gelbe und schwarze Galle) waren im Gleichgewicht und wirkten sich auf den Körper, den Mikrokosmos, ebenso aus wie Erde, Luft, Feuer und Wasser auf die Welt selbst, den Makrokosmos. Theophrast (371–287 v. Chr.) folgte mit seinem Werk den philosophischen Ideen seines Lehrers Aristoteles zur Er-

Die schmerzlindernde Wirkung des Schlafmohns ist seit vorchristlicher Zeit bekannt.

Links: Wesentliche Fortschritte in der Medizingeschichte sind immer wieder von Militärärzten auf Schlachtfeldern errungen worden. Dioskorides (um 50–70 n. Chr.), ein griechischer Armeearzt, faßte sein Wissen über medizinische Pflanzen in dem Werk ›De materia medica‹ zusammen. Die Pflanzendarstellungen darin zeugten von guter Beobachtung.
Unten: Aristoteles verknüpfte die vier Körpersäfte mit den vier Elementen.

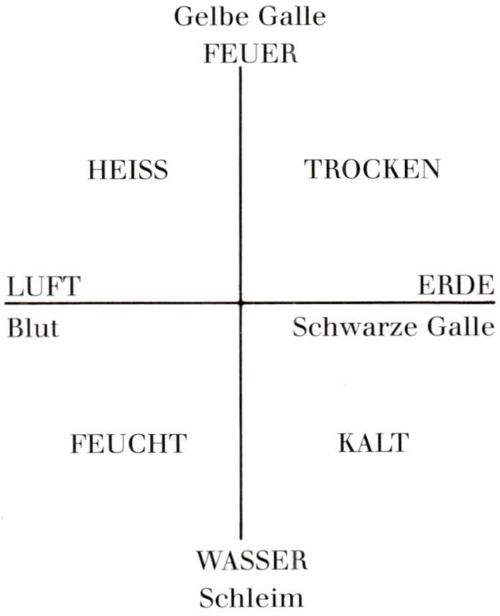

haltung der Gesundheit durch einen Ausgleich der Säfte. Er beschrieb 550 Pflanzenarten und ihre medizinischen Verwendungsmöglichkeiten, um dieses Gleichgewicht zu erhalten. Dem Gott der Medizin, Asklepios, wurden nicht nur Tempel, sondern auch Heilzentren geweiht, und es war üblich, nach erfolgter Heilung eine plastische Nachbildung des genesenen Körperteils aus Dankbarkeit als Votivgabe aufzustellen.

Die Römer orientierten sich an der Heilkunde der Griechen. Bedeutendste Schrift war ›De materia medica‹ von Dioskorides (um 50–70 n. Chr.), einem Militärarzt in Kleinasien. Er beschreibt darin den medizinischen Gebrauch von über 600 Pflanzen, einschließlich Belladonna und Opium. Dioskorides stellte die Pflanzen, die er verwendete, nach der Natur dar, und auch dies ist ein Grund für die in Europa bis weit ins Mittelalter andauernde Popularität seines Lehrbuches. Der griechische Arzt Galen (129–199), der die Ideen des Aristoteles für seine Praxis in Rom verbesserte und ein kohärentes System von Physiologie und Anatomie entwickelte, arbeitete ebenfalls danach.

Die griechisch-römische Heilkunde lebte nach dem Fall Roms in der islamischen Welt weiter. In Persien bewahrte der Arzt Avicenna (980–1037 n. Chr.) das Werk Galens und Aristoteles' und bereicherte die Pharmazie um ausgefeilte Rezepturen für Arzneimittel, viele davon auf pflanzlicher Basis.

DAS GLEICHGEWICHT DER SÄFTE

Im Mittelalter folgten die wichtigsten medizinischen Schulen weiterhin der Idee der vier Lebenssäfte, und Dioskorides' ›De materia medica‹ war das Standardwerk für auf Pflanzen basierende Drogen. Die Behandlung von Krankheiten bestand darin, die Säfte durch Abführen, verschiedene Formen des Blutabnehmens (Aderlaß und Schröpfen) und durch die medizinische Verwendung von Kräutern wieder ins Gleichgewicht zu bringen. Mit Hilfe der Urinuntersuchung wurde die Diagnose gestellt. In der christlichen Tradition flehte man Schutzheilige um Beistand an, bediente sich aber auch duftender Pflanzenöle, um Wohnräume zu desinfizieren und so die Pest fernzuhalten (siehe Seite 112).

Neue Erkenntnisse in der Renaissance

Das Weltbild der Renaissance hat das medizinische Denken entscheidend beeinflußt. Zeichnungen Leonardos da Vinci (1452–1519) und später die Schriften des französischen Philosophen und Mathematikers René Descartes (1596–1650) zeigen, daß der menschliche Körper als Maschine verstanden, mechanisiert wird. Möglich ist diese Auffassung erst durch anatomische Studien, die ihrerseits in ein systematisches wissenschaftliches Sezieren von Leichen münden (der erste Anatomiesaal wurde 1594 in Padua eröffnet). Beinah zwangsläufig kommt es dabei zu einer Verbesserung der medizinischen Instrumente.

Doch nicht nur als empirische Wissenschaft macht die Medizin Fortschritte. Neue astronomische Erkenntnisse wirken sich auf die Astrologie aus, die den Menschen im Zentrum kosmischer Kräfte sieht und der hippokratischen Medizin neue Impulse verleiht. Auch die Alchimie wurzelt in der Theorie von Mikrokosmos und Makrokosmos. Der Schweizer Arzt Paracelsus (1493–1541) glaubt, der Körper funktioniere wie ein Modell der chemischen Reaktionen des gesamten Universums. Da Krankheiten durch ein chemisches Ungleichgewicht verursacht seien, könne der Patient durch eine Behandlung mit Chemikalien geheilt werden. Dazu gehörten auch Quecksilber und Antimon – Stoffe, von denen man heute weiß, daß sie äußerst giftig sind. Der bekannteste medizinische Astrologe, berühmt durch sein Buch ›The English Physician‹ (1653), war der Pflanzenkenner Nicholas Culpeper, der den medizinischen Nutzen von Pflanzen entscheidend förderte.

Die stärksten Auswirkungen auf die Pflanzenheilkunde hatten jedoch die großen Entdeckungsreisen der Epoche. Mit der Entdeckung Amerikas 1492 wurden zum Beispiel Aloe, Chinin, Guajakbaum (gegen die Syphilis), Koka und Tabak (dem man damals medizinischen Wert zuschrieb) verfügbar. Über die Schiffahrtswege in den Fernen Osten gelangten seit 1498 Rhabarber aus Indien, Kassie aus Afrika und Kampfer aus Japan nach Europa, und man begann damit, diese und viele andere Pflanzen in Apothekergärten zu kultivieren.

Arznei und Akupunktur in China

Wie ihre griechischen und römischen Kollegen glaubten die chinesischen Heilkundigen zunächst an eine Verbin-

Cassia senna *bringt die abführenden Sennesbälge hervor. Die Spezies wurde aus Afrika in Europa eingeführt.*

dung zwischen Gesundheit und göttlichem Einfluß. Schon früh (erste pharmazeutische Texte sind aus dem 6./5. Jahrhundert v. Chr. überliefert) entwickelten sie eine differenzierte Pflanzenheilkunde. Die im 2./1. Jahrhundert v. Chr. aufgezeichnete ›Apotheke des Himmlischen Landmannes‹ nennt über 300 Drogen. Zur Zeit der Ming-Dynastie (1368–1644) hatte die Kunst der Ärzte einen hohen Standard erreicht. Es wurde zwischen einer philosophischen und einer praktischen Medizin unterschieden, wobei letztere bis zum Beginn des Kommunismus immer wieder vom Aberglauben geprägt war. Gleichwohl basierte die Behandlung auf pflanzlichen Heilmitteln, worin vielleicht eine taoistisch geprägte Naturverehrung zum Ausdruck kommt.

Mit der Verabreichung von Drogen kamen auch Massage, Gymnastik und Akupunktur zur Anwendung. Akupunktur wird in China etwa seit 500 v. Chr. praktiziert und ist bis heute – unterbrochen von einem zeitweiligen Verbot 1822 – in der nichtärztlichen Gesundheitspflege verankert. Der Akupunkteur sticht an genau festgelegten Punkten, die durch unsichtbare Meridiane (die zwölf Ching) und zwei Hilfslinien (Ho) verbunden sind, dünne Nadeln in den Körper. Energie (Chi) läuft entlang dieser Bahnen, und die Reizung mit Nadeln soll den Energiefluß wiederherstellen, falls er blockiert oder unterbrochen worden ist. Zur Unterstützung der Behandlung läßt man Moxa – zylindrisch gepreßte Röllchen aus gemahlenen Blättern des Beifuß *(Artemisia vulgaris)* – über einen festgelegten Zeitraum hinweg an bestimmten Stellen des Körpers verglimmen. Dieses Verfahren, die Moxibustion, wurde auch in der traditionellen japanischen Medizin (Kampo) eingesetzt, zumindest bis zur Übernahme westlicher medizinischer Praktiken ab 1870.

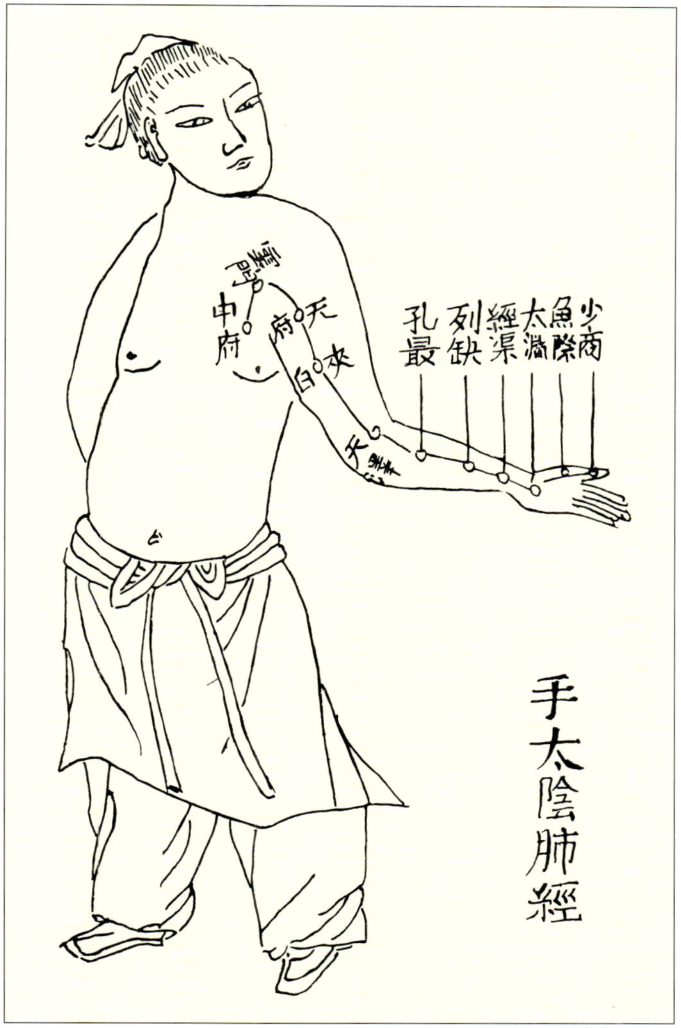

Rechts oben: Zur Unterstützung des Heilungsprozesses entzünden manche chinesischen Akupunkteure Artemisia vulgaris *an bestimmten Körperpunkten.*

Rechts unten: Die moderne chinesische Medizin ist für ihre ›Barfußärzte‹ bekannt, Männer oder Frauen mit drei- oder sechsmonatiger Ausbildung, die auf dem Land in der Gesundheitsfürsorge arbeiten.

VOLKSMEDIZIN

Parallel zur abendländischen Medizin existieren weltweit zahlreiche überlieferte Heilmethoden mit bisweilen langer Tradition. Eine der ältesten ist das indische System des Ayurveda, das noch heute auf dem Land praktiziert wird. In Afrika, Nord- und Südamerika, Australien und Neuseeland haben die Eingeborenen eigene pflanzliche Heilmittel entwickelt, und ihre Heilmethoden sind tief in der jeweiligen Kultur verwurzelt. Einige der verwendeten Pflanzendrogen wurden später von der westlichen Medizin nach sorgfältiger Prüfung übernommen.

Heilung nach dem Ayurveda

›Ayurveda‹ bedeutet in Sanskrit ›die Wissenschaft des Lebens‹ oder ›die Wissenschaft des Alters (ein reifes Alter zu erreichen)‹. Die vedische Medizin war auf dem indischen Subkontinent von 1500 v. Chr. bis zum 10. Jahrhundert n. Chr. vorherrschend. Grundlage des Ayurveda sind die sieben ›dhatus‹ oder Elemente (Nährsäfte, Fleisch, Blut, Fett, Knochen, Mark und Samen) und drei ›tridosa‹ oder Säfte (Wind, Galle und Schleim) im Körper. Bei einem gesunden Menschen sind dhatus und tridosa ausgewogen verteilt. Ist das Gleichgewicht gestört, kommt es zur Erkrankung. Die wichtigsten Texte des Ayurveda (›Caralea Samhita‹ und ›Susruta Samhita‹) stammen aus den Jahren 200 v. Chr. bis 200 n. Chr. und beschreiben über 700 nützliche Pflanzen, die nach ihrer Wirkung auf die Elemente (dhatus) und Säfte (tridosa) oder auf den Patienten klassifiziert werden. Die Überlieferung hebt auch die Notwendigkeit hervor, pflanzliche Drogen mit den richtigen Handgriffen, zum richtigen Zeitpunkt und vom richtigen Boden zu sammeln. Die Reinheit des Arztes und die Art und Weise, wie die Drogen aufbewahrt werden, sind genauso wichtig wie die Ernährung des Patienten.

Heute wird Ayurveda von der indischen Regierung als billige Alternative zu den teuren westlichen Drogen gefördert. Auf Sri Lanka beinhaltet die Behandlung auch Exorzismen, da sich hier der Glaube gehalten hat, das Säftegleichgewicht könne durch Dämonen gestört werden. Aufgrund des hohen asiatischen Bevölkerungsanteils konnte sich Ayurveda auch in England etablieren, wo es jetzt eine ›Ayurvedic Company of Great Britain‹ gibt, die mit einer Apotheke in Coimbatore in Südindien zusammenarbeitet. Größtenteils besteht die Therapie in der Verwendung von

Fast überall auf der Welt ist das medizinische Wissen der Naturvölker untrennbar mit ihrer Religion verbunden. Krankheiten sind daher meist von bösen Geistern verursacht. Zur Heilung verabreicht dieser Medizinmann aus Kamerun pflanzliche und tierische Drogen der Region.

Kräuterölen, die bei Massage und in der Diät Anwendung finden. Besonders wirksam soll sie bei der Behandlung rheumatischer Leiden sein. Kritisiert wird der Ayurveda indes, weil seine Arzneien Schwermetalle enthalten, die heute als toxisch bekannt sind, besonders für Kinder.

Afrikanische Traditionen

In den meisten traditionsverbundenen afrikanischen Kulturen lebt man mit der Vorstellung, daß Krankheit durch die Mißgunst von Hexen, Zauberern oder bösen Vorfahren verursacht wird. Die Heilkundigen sind daher oft geistlicher Mittelpunkt der Gemeinschaft. Man vermeidet Krankheit, indem man Tabus beachtet, Amulette trägt, wohlwollenden Vorfahren Opfer bringt oder rituelle Tänze aufführt. Diese magische Prophylaxe kann durch bestimmte Pflanzen verstärkt werden, ebenso wie pflanzlichen Arzneien häufig nachgesagt wird, sie seien wirksamer, wenn man sie zusammen mit Zaubersprüchen und Gesängen verwendet. Lokale Märkte bieten oft eine große Auswahl an medizinischen Pflanzen. In Südafrika existiert eine sehr lebendige Pflanzenheilkunde Seite an Seite mit der westlichen Medizin der weißen Bevölkerung.

Nordamerikanische Medizin

Die Indianer Nordamerikas haben differenzierte Theorien über die seelischen Ursachen einer Krankheit entwickelt. Man glaubt, Krankheit sei das Ergebnis des ›Verlustes der Seele‹, wobei die Seele entweder durch einen Geist oder einen Feind, durch das Eindringen eines Gegenstandes in den Körper infolge von Zauberei oder durch die Nichtbeachtung eines starken Tabus geraubt wird.

Die Praktiken des Medizinmannes sind auf mehrfache Weise mit der Pflanzenwelt verbunden. Manche Stämme glauben, daß Geister dem Heiler die Erkenntnis einflößen, welche Heilpflanzen er verwenden soll, während andere meinen, daß eine Pflanze von dem Geist beschützt werde, der sie mit medizinischen Eigenschaften ausgestattet hat. Häufig hinterläßt man diesen Geistern Opfergaben, wenn die Drogenpflanze gepflückt wird. Eine Heilung wird durch die Rückkehr der Seele oder durch die Behauptung des Medizinmannes angezeigt, er könne den ›extrahierten Gegenstand‹ zeigen. Den Heilungsprozeß fördern auch Massagen und rituelle ›Schwitzbäder‹.

Drogen der altamerikanischen Kulturen

In der streng hierarchisch gegliederten Gesellschaftsordnung der Mayas und Azteken widmeten sich die Astrologen-Wahrsager den medizinischen Bedürfnissen des Adels, während sich die Pflanzenkundigen um die Beschwerden des größten Teils der Bevölkerung kümmerten. Die Inkas von Peru hatten ähnliche Glaubensvorstellungen wie die Indianerstämme Nordamerikas und verabreichten Pflanzen, die man heute gut kennt, etwa Curare für Verdauungskrankheiten. Kokain wurde als Stimulans bei Ritualen verwendet, und Chinin war als Wirkstoff gegen Fieber schon lange bekannt, bevor es die Jesuiten für den Westen entdeckten; die Erklärung seiner Wirkung – daß der krankheitsverursachende Geist die Bitterkeit nicht ertragen könne – ist spezifisch indianisch. Tabak war eine gewöhnliche Droge, die in ganz Amerika zur Verfügung stand. In Mexiko wurde er vergöttlicht, in Peru als Beruhigungsmittel eingesetzt, und im Leben der Indianer in Nordamerika spielte er eine große Rolle in gesellschaftlichen Ritualen.

Traditionen der Aborigines und der Maori

Auch die Ureinwohner Australiens glaubten, daß Krankheit durch Zauberei, insbesondere durch das Eindringen von Gegenständen verursacht werde. Es oblag den Stammesältesten, die sich von ihren Träumen leiten ließen, diese Gegenstände zu entfernen. Wer heute vor einem chirurgischen Eingriff eine die Anästhesie vorbereitende Injektion erhält, wird vermutlich ein Präparat gespritzt bekommen, dessen Wirkstoff aus *Duboisia myoporoides* gewonnen wird, einer Pflanze aus dem Arzneischatz der Aborigines.

Die Maori haben vor der Ankunft der europäischen Siedler kaum pflanzliche Heilmittel gekannt. In ihrem Verhaltenskodex war verankert, daß Krankheiten durch Besänftigung der Vorfahren, Beachtung von Tabus und Abwenden des Zorns der Götter vermieden wurden. Kranke Menschen verließen häufig die Gemeinschaft und wurden nicht selten ihrem Schicksal überlassen. Verantwortlich dafür, daß sich die Maori schließlich der Pflanzenheilkunde zuwandten, waren die weißen Siedler: einerseits durch ihr Vorbild, andererseits durch die bis dahin in Neuseeland unbekannten Krankheiten, die sie einschleppten.

GÄRTEN SPEZIELL FÜR HEILKRÄUTER

Am Anfang der Entwicklung stehen wohl die altägyptischen Tempelgärten um 1000 v. Chr., in denen bekannte Heilpflanzen gezogen wurden. Die Griechen entwickelten die Botanik als philosophisches Studienfach noch vor der Ära des Christentums, und in China gehörten die Kaiser zu den frühesten Pflanzensammlern.

In Europa dagegen hatte vom 6. Jahrhundert n. Chr. an in der Regel jedes Kloster einen Kräutergarten, der sich in der Nähe der Krankenstation befand. Die Pflanzenkunde war eng mit der Medizin verbunden, und mit der Gründung der ersten Universitäten in der Renaissance waren die Professoren der einen Disziplin gewöhnlich auch Professoren der anderen. Noch immer mit Blick auf die Ideen des Schweizer Arztes Paracelsus und des griechischen Botanikers und Arztes Dioskorides war man der Meinung, die Pflanzen seien zu Heilzwecken, bekannten oder noch verborgenen, auf der Erde. Sie wurden eigens kultiviert, um die Ärzte mit dem für die Heilkünste erforderlichen Rohmaterial zu versorgen und den Studenten Kenntnisse der Pharmazie zu vermitteln. Die systematische Pflanzenklassifizierung, heute das Rückgrat der Botanik und unverzichtbar bei der Anlage eines modernen botanischen Gartens, war damals noch unbekannt.

Frühe Apothekergärten

Die frühen Apothekergärten sind alle in Italien entstanden; der erste in Pisa im Jahre 1543 (er ist immer noch der Öffentlichkeit zugänglich, wenn auch nur als verunkrauteter Zeuge seines ehemaligen Zustands), andere ein paar Jahre später in Padua (1545) und in Florenz (1550). Andere

Länder folgten mit Gärten in Leipzig (1580), Heidelberg (1597), Paris (1635) und Uppsala (1665). In Leiden wurde vor kurzem die Nachbildung des 1587 angelegten ›Hortus Clusianus‹ mit seinen Spalieren, seinem Gitterwerk und den erhöhten Beeten fertiggestellt. Die Wege, bedeckt mit zerstoßenen Muschelschalen, sind nicht ganz authentisch, verleihen dem Garten aber eine reizvolle Note.

In England gab es einige private Apothekergärten, die Geistlichen wie dem Dekan der Kathedrale von Wells, William Turner, gehörten. Der erste Universitätsgarten wurde 1621 in Oxford gegründet. Seinen Namen ›Oxford Physic Garden‹ behielt er bis zum Jahre 1840, einer Zeit, in der die Pflanzenheilkunde keinen guten Ruf genoß im Vergleich zur aufstrebenden eigenständigen Wissenschaft der systematischen, auf Beobachtung beruhenden Botanik. Der Garten von Edinburgh wurde 1656 zu Unterrichtszwecken für Ärzte und Apotheker (häufig ein schlechtes Gespann) gegründet, und 1673 eröffnete die ›Worshipful Society of Apothecaries of London‹ für ihre Lehrlinge den ›Chelsea Physic Garden‹, ein Projekt, von dem sich die Ärzte distanzierten. Die Gesellschaft hatte mit dem Verlust ihrer Livery Hall in Blackfriars durch das große Feuer in London im Jahre 1666 schwere finanzielle Einbußen erlitten, sie trug den Garten aber dennoch bis 1899 und kommt noch immer für die Erstellung seiner jährlichen Samenliste auf.

Diese ersten Gärten waren in der Regel zum Schutz vor Wind und Plünderungen von Mauern umgeben. Sie waren immer streng geometrisch gestaltet. Der Chelsea Physic Garden erstreckte sich ursprünglich bis hinunter zum Fluß (bis zum Bau der Dämme in den 1870er Jahren). So konnten die Lehrlinge während ihrer siebenjährigen Ausbildung leicht mit Booten befördert werden. Viele botanische Gärten sind aus Apothekergärten hervorgegangen, darunter auch die ›Royal Botanic Gardens‹ in Kew, die als ›Princess Augusta's Physic Garden‹ gegründet worden waren. Von allen alten Gärten in England hat nur der in Chelsea seinen ursprünglichen Namen behalten. Es gibt Bestrebungen, Apothekergärten neu zu schaffen oder zu restaurieren. In England kann man Apothekergärten zum Zweck didaktischer Präsentation gegenwärtig in Petersfield (Hampshire) und in Hitchin (Hertfordshire) besichtigen.

Im Botanischen Garten von Leiden, Holland, ist der alte ›Hortus Clusianus‹ rekonstruiert worden. Umgeben von Gebäuden, vermittelt er einen guten Eindruck von der Intimität dieser meist streng geometrisch gestalteten Apothekergärten. Bis auf die mit zerstampften Muschelschalen belegten Wege ist die Nachbildung originalgetreu.

Ein viktorianischer Künstler hat hier die erregte Diskussion von Apothekern im Chelsea Physic Garden festgehalten.

DER APOTHEKERGARTEN IN CHELSEA

Wie der Name vermuten läßt, bleibt ein Apothekergarten den Heilpflanzen vorbehalten. Im 17. Jahrhundert war das kaum eine Einschränkung, denn man war überzeugt, nahezu jede Pflanze medizinisch verwerten zu können. Das hing zum Teil mit dem lange bewahrten Glauben an die Signaturenlehre zusammen, die besagt, daß das Erscheinungsbild einer Pflanze ein Zeichen dafür sei, welche Art von Erkrankung sie zu heilen vermöge. Einer zunehmend wissenschaftlichen Betrachtungsweise konnte diese Theorie nicht mehr lange standhalten. Der Glaube an die grundsätzliche Heilkraft der Pflanzen blieb davon jedoch unberührt, und so entstanden weiterhin zahlreiche Arzneien auf pflanzlicher Basis. Der Apotheker unterschied dabei zwischen Simplicia, Medikamenten, die nur aus einer Pflanzensorte bestanden, und Composita, gemischt aus diversen Zutaten.

Die Kultivierung der Heilpflanzen

Eine der ältesten Heilpflanzen, die in den Treibhäusern von Chelsea kultiviert wurden, war der aus Südamerika eingeführte Chinarindenbaum *Cinchona*, aus dem Chinin, die Hauptdroge zur Bekämpfung von Malaria in den Tropen, gewonnen wird. Eine andere war *Vinca rosea*, heute unter dem Namen *Catharanthus roseus* bekannt, ein Immergrün aus Madagaskar, das heute die Hauptquelle für Alkaloide ist, die zur Behandlung von Leukämie und Morbus Hodgkin verwendet werden. Chelsea kultivierte und verschickte diese Pflanzen an andere Apothekergärten, nachdem sie über den ›Jardin des Plantes‹ in Paris eingeführt worden waren.

In den ersten hundert Jahren seit der Gründung 1673 wurde unter der Leitung von Philip Miller der Pflanzenbestand des Gartens erheblich erweitert. Miller spezialisierte sich auf die Anzucht ›exotischer‹ Früchte und Gemüse, darunter auch Melonen, von denen er zahlreiche neue Sorten durch seine Kontakte nach Amerika bezog. Sein ›Gardener's Dictionary‹ erschien in acht Auflagen, und der Garten wurde in ganz Europa berühmt. Millers Nachfolger hielten die medizinischen Sammlungen aufrecht, pflegten aber zusätzlich eigene botanische Interessen. Noch heute geben alte Inventare darüber Auskunft, so zum Beispiel die Aufstellung von Thomas Moore, der von 1848 bis 1887 Kurator war. Robert Fortune, ein bekannter Pflanzensammler und Kurator in Chelsea von 1846 bis 1848, siedelte chinesischen Tee in Indien an. Die jungen Teepflanzen wurden in tragbaren Miniaturglashäusern transportiert, die Nathaniel Bagshaw Ward, ein Prüfer der Apothekerstudenten in Chelsea, entworfen hatte.

Wenn es auch hinsichtlich der Pacht des Grundstückes dank entsprechender Verfügungen des Stifters Sir Hans Sloane keine Probleme gab, wurden der Apothekergesellschaft die laufenden Kosten mit der Zeit doch einfach zu hoch. Aus diesem Grund trat sie schließlich im Jahre 1889 den Garten an die Treuhänder der London Parochial Charities ab, die ihn als Forschungsstätte für Londoner Colleges unterhielten.

Der Chelsea Physic Garden heute

Dennoch ist die Apothekergesellschaft noch heute mit dem Garten verbunden, da sie den jährlichen Samenaustausch mit anderen botanischen Gärten auf der ganzen Welt finanziert. Ein weiteres Vermächtnis ist die schöne Helmzier auf den Embankment Gates (Dammtoren) und auf der alten Studentenglocke in der Swan Walk Gate (Schwanen-

Sir Hans Sloane, Gönner des Chelsea Physic Garden

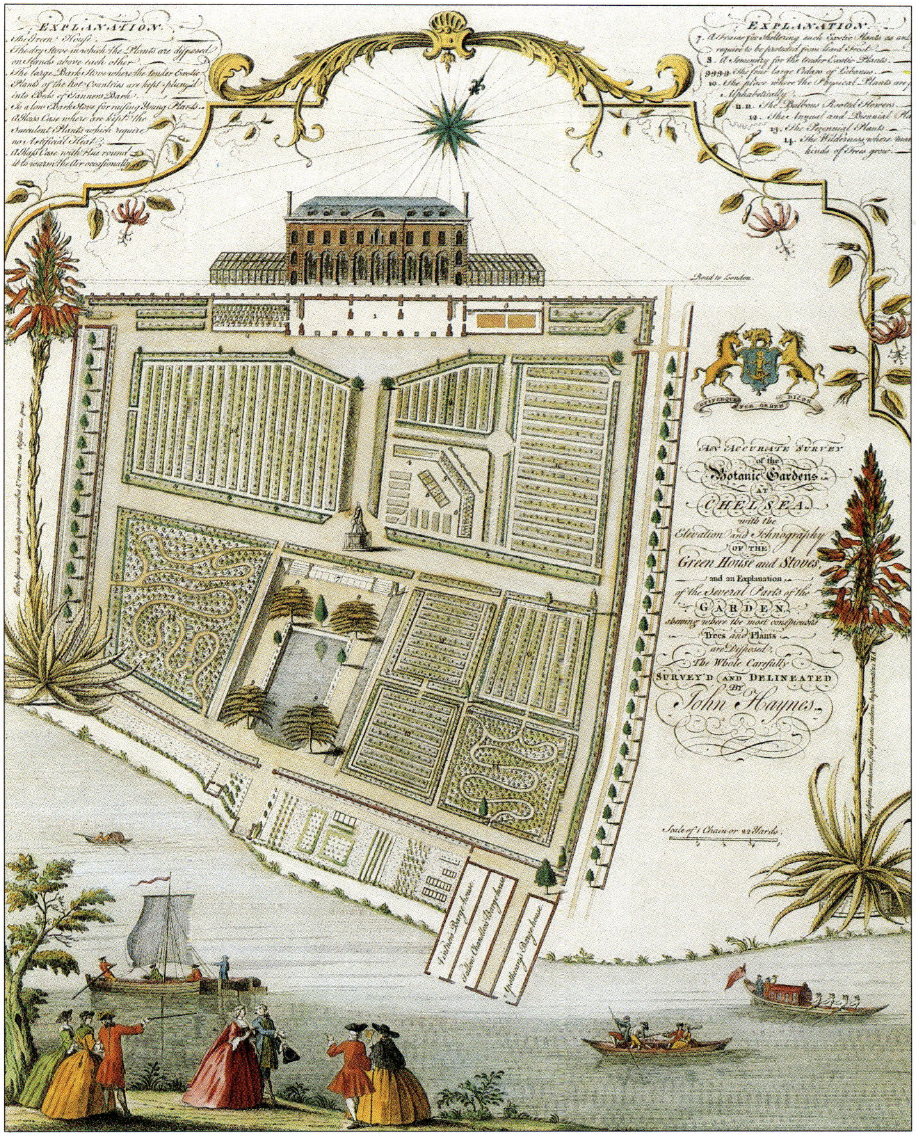

Das Wappen der ›Worshipful Society of Apothecaries of London‹ auf einer Kachel. Auf Kacheln wurden früher Arzneien zubereitet.

Links: Der Chelsea Physic Garden wurde 1673 von der ›Worshipful Society of Apothecaries of London‹ als Lehrgarten für ihre Lehrlinge gegründet. Wegen der Uferlage konnte er von London leicht per Schiff erreicht werden. Diese Ansicht von 1751 zeigt die sorgfältig geplante Anlage mit ihren verschiedenen Abteilungen, in denen besondere Pflanzenspezies zu Lehrzwecken gezogen wurden.

gang). Heute wird der Garten von einem eigenen Kuratorium verwaltet. Seit 1989 arbeitet er mit der ›Glaxo Group Research Limited‹ zusammen, die er mit getrockneten Pflanzenproben zur Gewinnung neuer Medikamente beliefert. Zu didaktischen Zwecken ist ein Lehrpfad eingerichtet worden, der die Geschichte der Pflanzenmedizin von Dioskorides und der Signaturenlehre bis heute anschaulich darstellt. Außerdem sind in einem speziellen Beet die wichtigsten heute gebräuchlichen Drogenpflanzen zusammengestellt, und eine Auswahl tropischer Heilpflanzen wird in den Gewächshäusern kultiviert. Darüber hinaus gibt es noch einen Garten der Weltmedizin, in dem ethnomedizinische Pflanzen (wie etwa solche, die von Chinesen oder den Indianern Nordamerikas verwendet wurden) zu besichtigen sind. Obgleich der Garten andere Funktionen hat, darunter Forschung, Zucht, Lehre und Erholungsstätte, kommt er noch heute der Aufgabe nach, Pflanzen zur Schau zu stellen und Heilpflanzen zu erforschen, und Chelsea ist der einzige frühe Apothekergarten, der seinen ursprünglichen Namen (Physic Garden) behalten hat.

HEILPFLANZEN UND PFLANZENHEILKUNDE

Pflanzenheilkunde wurzelt in dem uralten Glauben, die Pflanzen existierten, um Arzneien für die Krankheiten des Körpers zu liefern.

Im Mittelalter und bis zum 17. Jahrhundert schrieb man in Kräuterbüchern nieder, was man über Pflanzen und ihre Anwendung wußte. Diese Bücher waren gewöhnlich mit Holzschnitten illustriert, die durch nicht selten jahrhundertelanges Kopieren in klösterlichen Skriptorien letztendlich grob schematisiert waren oder völlig phantasievoll wurden. Mit der Renaissance entwickelte sich dann das Interesse, echte Pflanzen in der Natur zu beobachten und danach zu zeichnen, und einige Kräuterbücher, etwa von Otto Brunfels (1488–1534) und Leonhart Fuchs (1505–1566), sind wahre Meisterwerke der Kunst des Pflanzenporträts. Die berühmtesten englischen Kräuterbücher wurden von John Gerard und Nicholas Culpeper (1616–1654) verfaßt. (Heute erinnert ein englischer Heilpflanzenvertrieb an den Namen des letzteren.)

Über den erhaltenen kräuterkundlichen Handschriften und Druckwerken darf nicht vergessen werden, daß ein Großteil des Wissens von Generation zu Generation mündlich tradiert wurde. Besonders im Mittelalter waren es überwiegend Frauen – ›Kräuterweiblein‹, die nicht selten als Hexen diffamiert wurden –, die Pflanzenheilkunde praktizierten, und es waren die einfachen Leute, die sie in Anspruch nahmen. Gebildete und wohlhabendere Bürger zogen es vor, sich von Ärzten mit auf Mineralien basierenden Drogen behandeln zu lassen. Im Verlauf des 18. Jahrhunderts büßte die Pflanzenheilkunde an Popularität ein, wurde aber weiterhin von der sozial schwächeren Landbevölkerung gepflegt.

Im Jahre 1864 formierte sich in England die ›National Association of Medical Herbalists‹. Diese Organisation existiert noch heute (als ›National Institute of Medical Herbalists‹ mit über 300 Mitgliedern im eigenen Land) und ist die älteste Gesellschaft dieser Art.

Pflanzenheilkunde heute

Der Begriff ›Kraut/Kräuter‹ bezeichnet in der Pflanzenheilkunde traditionsgemäß weit mehr als unsere Küchenkräuter, genaugenommen meint er die Gesamtheit der medizinisch wirksamen Pflanzen und aus Pflanzen gewonnenen Drogen. Circa 85 % der Weltbevölkerung greifen für ihre Gesundheitsgrundversorgung immer noch auf Kräuterarzneien zurück. Daraus ist keinesfalls abzuleiten, daß die Heilkraft aller pflanzlichen Präparate erwiesen ist oder daß alle ›natürlichen‹ pflanzlichen Arzneien lindernd und harmlos sind; schließlich werden einige der tödlichsten Gifte aus Pflanzen gewonnen.

Mitunter hat die Schulmedizin Kräuterpräparate übernommen, nicht ohne sie zuvor eingehend getestet und auf ihre Wirksamkeit geprüft zu haben. Ein Beispiel ist Ingwer, der eine Substanz enthält, mit der Seekrankheit effektiver als mit jeder synthetischen Droge behandelt werden kann.

Grundsätzlich ist die Pflanzenheilkunde jedoch mit der modernen Pharmazie nicht in Einklang zu bringen, denn der Kräuterkundige glaubt an die heilenden Kräfte der Pflanze in ihrer Gesamtheit und lehnt es ab, daraus einen chemischen Bestandteil zu isolieren. Nach seiner Ansicht wirken alle Eigenschaften der Pflanze zusammen, um heilen zu können. Das ist auch der Grund, warum Pflanzenheilkunde als eine holistische (ganzheitliche) Therapie angesehen wird. Exakt wissenschaftlich läßt sich diese These nicht beweisen, und deshalb wird sie von der Pharmazie abgelehnt. Die Industrie erforscht weiterhin einzelne pflanzliche Wirkstoffe, um sie in großen Mengen synthetisch herzustellen und zu Medikamenten zu verarbeiten. Ein Biochemiker sagte mir einmal, diese gegensätzlichen Standpunkte seien durchaus miteinander zu verknüpfen, man müsse sich nur vorstellen, daß es chemische Bestandteile seien, die in der Pflanze synergistisch zusammenwirkten, um die Heilung herbeizuführen. Aber genau das ist der Kern: Der Kräuterkundige vertraut auf die Wirkung der Pflanze, nicht der Chemie. Dieser Ansatz ist für viele Patienten überzeugend, die unter Nebenwirkungen von synthetischen Drogen leiden oder die grundsätzlich zu einem Heilverfahren zurückkehren wollen, das der Natur näher zu sein scheint.

Kräuterkundige verschreiben Medikamente gewöhnlich in Form von Tinkturen, die auf Alkohol basieren, nicht jedoch ohne sich zuvor in einem eingehenden diagnostischen Gespräch über den emotionalen und psychischen Zustand des Patienten zu informieren, mit dem Ziel, sich aller Faktoren zu versichern, die den ganzheitlichen Heilprozeß positiv beeinflussen könnten. In dieser Hinsicht arbeiten sie ähnlich wie Homöopathen (siehe Seite 22).

Man geht allgemein davon aus, daß John Gerard in seinem ›Herball‹ die Erkenntnisse früherer Pflanzenspezialisten zusammengetragen hat. Das hier abgebildete schöne Titelblatt der Ausgabe von 1633 zeigt Porträts von Dioskorides und Theophrast, zwei der berühmtesten griechischen Ärzte, und von Gerard selbst. Gerards ›Herball‹ wurde in England zum bekanntesten Pflanzenbuch. 1653 kam von Nicholas Culpeper ›The English Physician‹ auf den Markt. Diese Pflanzenbücher, als praktische Handbücher konzipiert, sollten dabei behilflich sein, die Pflanzen zu identifizieren und in der Medizin richtig anzuwenden.

HOMÖOPATHISCHE LEHRE

Homöopathie ist ein Heilverfahren, bei dem Gleiches mit Gleichem behandelt wird, eine Methode, die schon der griechische Arzt Hippokrates im 5. Jahrhundert v. Chr. kannte, die aber erst im frühen 19. Jahrhundert in Deutschland entwickelt wurde. Ihr Hauptvertreter war Dr. Samuel Hahnemann, den die medizinische Behandlungsweise seiner Zeit, in der Aderlaß und der Gebrauch von Arsen an der Tagesordnung waren, beunruhigte. Für die neue Methode prägte er den Namen ›Homöopathie‹ nach dem griechischen Wort ›homoios‹ (gleich) als Gegensatz zur konventionellen oder ›allopathischen‹ Medizin, die konträr wirkende Mittel zur Bekämpfung der Krankheit einsetzt. Die Homöopathie faßt die medizinischen Symptome einer Erkrankung völlig anders auf. Während die Schulmedizin davon ausgeht, daß die Krankheit diese Symptome verursacht und sie deshalb unterdrückt werden müssen, verstehen die Homöopathen Symptome als den Versuch des Körpers, sich selbst zu heilen, und unterstützen sie.

In der Homöopathie werden also Substanzen als Heilmittel verwendet, die die gleichen Symptome produzieren wie die Krankheit selbst. Nicht alle davon sind pflanzlicher Natur – nur etwa 50 % der wichtigsten Heilmittel werden aus pflanzlichem Material gewonnen; der Rest sind Mineralsalze, tierisches oder anderes biologisches Material. Aber es war die Wirkungsweise einer Pflanzenarznei (Chinarindenbaum, der bei einer gesunden Person Fieber hervorruft, gleichzeitig aber Malaria kuriert), die Hahnemann die Idee zur Entwicklung der Homöopathie lieferte.

Strychninbaum ist giftig, es sei denn, er wird homöopathisch zubereitet.

Wie wirkt Homöopathie?

Homöopathie versteht sich als ganzheitliche Therapie, weil sie alle Seiten eines Menschen einbezieht – Körper, Geist und Seele. Viele Faktoren können den Verlauf einer Erkrankung beeinflussen und müssen sorgfältig abgewogen werden, bevor über die angemessene Behandlung entschieden wird. Neue Patienten empfinden es oft als seltsam, daß nicht nur ihre Symptome, sondern auch ihre äußere Erscheinung, ihre Reaktionen, Glaubensvorstellungen und Ängste berücksichtigt werden. Das Ziel ist es, die Gesundheit durch eine Wiederherstellung des Gleichgewichts zurückzugewinnen, so daß sich der Körper selbst regenerieren kann. Auf diese Weise wird der Patient geheilt und nicht die Krankheit behandelt. Zieht sich die Behandlung über einen längeren Zeitraum, so sehen Heilpraktiker es als Zeichen baldiger Genesung, wenn sich die Symptome verstärken oder bereits eingestellte wiederaufleben. Während des Heilungsprozesses können sich die Symptome auch im Körper verlagern.

Am stärksten umstritten ist vermutlich die homöopathische Auffassung, daß Arzneien durch eine extreme Verdünnung nicht nur sicherer, sondern auch wirksamer würden. Allopathische Ärzte behaupten gern, die Verdünnung sei so stark, daß kaum noch ein Molekül der ursprünglichen Substanz erhalten geblieben sein könne. Worauf die Homöopathen erwidern, sie wüßten zwar nicht, *wie* ihre Methode wirke, sie sähen aber, *daß* sie wirke.

IN DER HOMÖOPATHIE VERWENDETE PFLANZLICHE ARZNEIEN

Name botanisch; deutsch; homöopathisch	Körperliche Symptome	Emotionaler Zustand
**Aconitum napellus;* Eisenhut; Aconitum	plötzliches Frösteln, trockener Husten, Halsschmerzen, gefolgt von Frösteln, Fieber mit Durst, starke Schmerzen, Gleichgewichtsstörungen, Schlaflosigkeit	Schmerz über Verlust oder Kummer, Angst, Furcht, Ruhelosigkeit, Panik-Anfälle
**Actaea spicata;* Christophskraut; Actaea	Kopfschmerzen, Neuralgien, Muskelverspannung, rheumatische Versteifung im oberen Körperbereich	Depression, Verwirrung
**Arnica montana;* Arnika; Arnica	Quetschungen, Verstauchungen, Muskelverspannung, Gicht, Rheumatismus	Übermüdung, Berührungsempfindlichkeit
**Atropa bella-donna;* Tollkirsche; Belladonna	Gelenkschwellungen, Neuralgie, Ohrenschmerzen, dröhnende Kopfschmerzen, trockener Husten, Gleichgewichtsstörungen, Akne, Blasenentzündung, Koliken, Schlaflosigkeit	lebhafter, fröhlicher Charakter
**Bryonia alba;* Weiße Zaunrübe; Bryonia	Katharrh, Pleuritis (Rippenfellentzündung), trockener Husten, trockene Lippen, Durst, Koliken, Arthritis	reizbar
†*Cephaelis (Psychotria) ipecacuanha;* Brechwurz; Ipecacuanha	Übelkeit, Erbrechen, Bronchitis, Atemlosigkeit	–
Drosera rotundifolia; Sonnentau; Drosera	Husten, Übelkeit, Halsentzündung, Gleichgewichtsstörung	–
Euphrasia rostkoviana (E. officinalis); Augentrost; Euphrasia	starker Schnupfen, Bindehautentzündung, Lichtempfindlichkeit, Heuschnupfen, Überanstrengung der Augen	–
†*Gelsemium sempervirens;* (keine deutsche Bezeichnung); Gelsemium	Grippe (Influenza) und ihre Symptome, Durstlosigkeit mit Fieber, Delirium, Schluckbeschwerden	nervöse Reizbarkeit, Unrast, phobische Persönlichkeit
**Hamamelis virginiana;* Zaubernuß; Hamamelis	Krampfadern, Nasenbluten, blutende Hämorrhoiden, müde und entzündete Glieder, Frostbeulen	–
**Hypericum perforatum;* Johanniskraut; Hypericum	schmerzhafte Wunden, Sturzverletzungen, verletzte Finger und Zehen, Hämorrhoiden, Insektenstiche	–
Lycopodium clavatum; Kolben-Bärlapp; Lycopodium	Heißhunger, vor allem auf Süßigkeiten, Reizmagen, Blasenentzündung, Menstruationsbeschwerden, vorzeitige Kahlköpfigkeit und frühes Ergrauen	Reizbarkeit, Angst vor Mißerfolgen, Anspannung und Unsicherheit, Ungeselligkeit
**Pulsatilla pratensis* sp. *nigricans;* Kuhschelle, Küchenschelle; Pulsatilla	Katharrh, Heuschnupfen, Gerstenkorn, schmerzhafte oder unregelmäßige Periode, prämenstruelle Störungen (Krämpfe), Blasenentzündung, Akne, Ohrensausen, Arthritis, Mundtrockenheit	liebevoll, verständnisvoll, weinerlich
•*Rhus radicans (Toxicodendron radicans);* Kletternder Giftsumach	Verspannungen und Verrenkungen, Ischias, Rheumatismus, Hexenschuß, Arthritis, Gürtelrose, Durst, Erkältungskrankheiten	Ruhelosigkeit
**Ruta graveolens;* Raute; Ruta graveolens	Brüche, Verstauchungen, Verrenkungen, Rheumatismus, Arthritis, Überanstrengung der Augen, Nesselfieber	–
•†*Strychnos nux-vomica;* Strychninbaum; Nux vomica	Nervöse Verdauung, Leberempfindlichkeit, Verstopfung, Hämorrhoiden, prämenstruelle Beschwerden	Ungeduld, Reizbarkeit (innere Unruhe)
**Thuja occidentalis;* Lebensbaum; Thuja	Warzen, Gerstenkorn, häufiges Wasserlassen, Kopfschmerzen	stark, hartnäckig und halsstarrig

* in gemäßigten Klimaten im Garten; † tropische Arten; • für die Kultivierung nicht zu empfehlen

PFLANZENSCHUTZ WELTWEIT

Der in den 80er Jahren unseres Jahrhunderts geschärfte Blick für eine durch Menschenhand verursachte Bedrohung der natürlichen Umgebung ist als ›grünes Bewußtsein‹ bezeichnet worden. Die Natur wird nicht länger als ein in sich geschlossener Kreislauf betrachtet, der von unserem Tun unberührt bleibt. Die Zerstörung der Ozonschicht durch Fluorchlorkohlenwasserstoffe (FCKW), begleitet von beunruhigenden Anzeichen klimatischer Veränderungen und der Verschmutzung des Grundwassers, wird immer offenkundiger. Solche Probleme und auch Ereignisse wie atomare Störfälle zwingen uns, die Verantwortung für eine vernünftige Verwaltung der Erde zu übernehmen.

Einer unserer größten Zivilisationsverluste war das Gefühl für das ›Wilde‹, das Henry David Thoreau (1817–1862) als wesentlich für die Gesundheit des menschlichen Geistes ansah. Durch Überbevölkerung und wachsenden Tourismus scheint der Planet kleiner zu werden, und es ist kaum mehr möglich, gänzlich unberührte Natur zu finden und zu genießen. Aus diesem Grund versuchen immer mehr Städter, über ihre Gärten wieder einen Kontakt mit der natürlichen Welt herzustellen.

Bewahrung und Heilmittel

Der Kampf um die Pflanzen ist auf verschiedene Weise mit den Heilkünsten verbunden. Der ›World Wide Fund for Nature‹ hat geschätzt, daß über ein Viertel der in den USA zwischen 1959 und 1980 ausgegebenen Rezepte einen aus einer Pflanze gewonnenen Hauptbestandteil enthielt, und weltweit seien 85 % der Drogen in irgendeiner Weise mit einer pflanzlichen Quelle verknüpft. Die durch das Aussterben einiger Spezies verursachte Dezimierung der Pflanzenvielfalt droht die Entwicklung möglicher zukünftiger Heilmittel einzuschränken. Einige unserer wichtigsten Drogen werden aus tropischen Regenwaldpflanzen gewonnen, z. B. empfängnisverhütende Steroide aus Spezies der Yamswurzel *Dioscorea*, Muskelrelaxantien aus Curare und Mittel zur Behandlung von Glaukomen (Augenerkrankungen) aus den Pflanzen *Pilocarpus* und *Physostigma*. Das fortgesetzte großflächige Abholzen des Regenwaldes vernichtet Spezies, bevor man auch nur die Chance hatte, sie auf ihren medizinischen Wert hin zu untersuchen. Im Amazonas ist erst 1 % der Flora in dieser Hinsicht geprüft worden. Mit der Diffamierung der Eingeborenen, der Zerstörung ihrer Lebensweise und letztlich mit ihrer durch eingeschleppte Krankheiten verursachten Vernichtung haben wir auch ihr Wissen und ihre Erfahrung im Umgang mit der heimischen Flora verloren. Die Naturvölker sind auf die Pflanzen ihrer Umwelt als natürliche Heilmittel angewiesen, und sie haben weitreichende Kenntnisse erworben, die sie von einer Generation zur anderen mündlich tradieren. In den Tropenwäldern wächst auf nur 7 % der Landfläche des gesamten Globus die Hälfte der Pflanzenarten der ganzen Welt. Deshalb sind die Erhaltung der tropischen Vegetation und der Respekt vor dem Wissen der eingeborenen Bevölkerung so wichtig.

Die Weltgesundheitsorganisation hat kürzlich ein ›traditionelles Medizinprogramm‹ entwickelt mit dem Ziel, nationale Inventarverzeichnisse der Heilpflanzen anzulegen, Testmethoden in bezug auf ihre Wirksamkeit zu entwickeln und den Pflanzenbestand zu sichern. In vielen Ländern käme so die Volksmedizin wieder zu Ansehen.

Links: Strophantus *wird von afrikanischen Buschmännern als Pfeilgift verwendet. Seine Wirkung ist bei Herzerkrankungen von Bedeutung.*
Gegenüber: Die Zubereitung von Curare als Pfeilgift in Kolumbien. Tubocurarin und andere synthetische Derivate werden in der Chirurgie als Muskelrelaxantien verwendet.

STRESS ALS KRANKHEITSURSACHE

Der Gedanke, daß Streß eine Krankheit verursachen oder sie verschlimmern kann, ist verhältnismäßig neu. Entsprechend umstritten ist er auch in medizinischer Hinsicht, denn er gilt als wissenschaftlich nicht bewiesen. Unser neues ›grünes Bewußtsein‹ hat eine spezielle Form von Streß, hervorgerufen durch die Verschmutzung der Umwelt, ins Blickfeld gerückt. Wir achten sorgfältiger auf unser städtisches Umfeld, auf unseren Lebensstil und unsere Arbeitsbedingungen. Ausgangspunkt ist die These, das Leben verursache mehr Streß als früher, da es ständigen Veränderungen unterworfen sei, denen wir uns anpassen müssen und die wir häufig als Verlust erfahren. Es ist diese Art Streß (im Gegensatz zu bloßem Druck), der einen Menschen für eine Krankheit prädisponieren soll, indem er sie oder ihn verletzlich macht und dadurch die Widerstandskraft des Körpers gegenüber Infektionen schwächt.

Wie das geschieht, ist für Immunologen und Virologen von Interesse, insbesondere für diejenigen, die in der Krebstherapie und Aidsforschung arbeiten. Psychoneuroimmunologie ist die neue Wissenschaft, die sich mit der Beziehung zwischen Streß, Persönlichkeitstyp und Immunfunktion beschäftigt. Sie ist höchst umstritten, vor allem auf dem Gebiet der Krebstherapie, wo der Begriff der ›zu Krebs neigenden Persönlichkeit‹ (gehemmt im Ausdruck ihrer selbst) neuerdings in Frage gestellt wird, da er dem Patienten die Schuld an der Erkrankung zuzuweisen scheint, was Angst- und Schuldgefühle fördert.

Natürliche Heilverfahren für streßbedingte Krankheiten

Patienten, die an Aids leiden, wird in der Regel empfohlen, möglichst ein Leben ohne Streß zu führen. Die Forschung auf diesem Gebiet geht weiter, und sie scheint sogar immer wichtiger zu werden, da die Immunschwächekrankheiten zunehmen. Alles, was bei Aids Hoffnung auf Remission verspricht, wird untersucht, einschließlich der Pflanzen, die das Immunsystem stärken sollen. Eine der erst kürzlich untersuchten Pflanzen ist *Castanospermum australe*, aus der Castanospermin gewonnen wird, das die Reproduktion des Virus unterbinden soll.

Es ist erwiesen, daß jemand, der den Verlust eines geliebten Menschen verkraften muß, eher zu schweren Krankheiten neigt als Kontrollgruppen, die ein solches Trauma nicht erfahren haben. Wir in der westlichen Gesellschaft können mit dem Tod nicht gut umgehen, ebensowenig wie mit den kleineren Verlusten, die wir erleiden, etwa den Verlust der Arbeit, des Status oder einer vertrauten Lebensweise. Die klassische Medizin verspricht hier wenig Hilfe, da sie – meist aus Zeit- und aus finanziellen Gründen – lieber Krankheitsmustern Aufmerksamkeit schenkt als den emotionalen Bedürfnissen des Patienten.

Sogenannte ganzheitliche Therapien wie Pflanzenheilkunde und Homöopathie betrachten das Individuum in seiner Gesamtheit, das heißt sowohl seinen körperlichen (Soma) als auch seinen emotionalen Zustand (Psyche). Das scheint insofern vernünftig zu sein, als leidende Menschen häufig wissen, daß sich ihr Zustand unter Streß verschlechtert. Schulmediziner haben meist wenig Zeit, sich mit den psychischen Ursachen der Krankheit zu beschäftigen, und der Begriff ›psychosomatisch‹ wird oft geringschätzig verwendet, so als impliziere er, die Symptome seien nicht ›real‹, genausowenig wie emotionaler Streß sich in ein körperliches Symptom verwandeln könne. Das mag das Interesse an alternativen Heilmethoden erklären, die Geist und Körper nicht grundsätzlich voneinander trennen. Es mag ebenfalls erklären, warum Menschen unter Streß tatsächlich körperliche Symptome aufweisen: Sie können nur mit einer körperlichen Krankheit zum Arzt gehen; also produziert der Körper eine, damit sie behandelt werden kann.

Streßgeplagte Menschen wenden sich oft der Natur zu, um Erholung zu finden. Ob unser Arbeitstag nun von Maschinen, Konferenzen oder von Terminen beherrscht wird, wir alle finden einen Zufluchtsort in den natürlichen Wachstumsrhythmen des Gartens im Abendfrieden. Wir sollten dieser Reaktion vertrauen und sie als Heilmittel anerkennen. Es hat sich gezeigt, daß Krankenhauspatienten wesentlich schneller genesen, wenn sie in einen Garten schauen können.

Gärten können ›streßfreie Zonen‹ sein, in denen man allein oder in Gesellschaft mit anderen ausruht. Dabei mag der Kontakt mit der natürlichen Welt an inneres Wachstum und Wandel erinnern.

GAIA – EINE NEUE WELTSICHT

Der Grundgedanke von Gaia besagt, daß die Erde mit ihrer gesamten Pflanzen- und Tierwelt ein großer lebendiger Organismus ist. Der Name leitet sich aus dem altgriechischen Namen für die Mutter Erde ab. Diese Theorie hat James Lovelock in den 70er Jahren unseres Jahrhunderts entwickelt und in einem Buch mit dem Titel ›Gaia: a New Look at Life on Earth‹ dargelegt. In dem Werk ›The Ages of Gaia: A Biography of Our Living Earth‹ entwickelt er seine Theorie weiter und behauptet, der Planet selbst sei lebendig im Sinne eines selbstregulierenden und sich selbst organisierenden Systems.

Seltsamerweise sind diese umstrittenen Ideen nicht aus dem Umfeld der ›grünen Bewegung‹ hervorgegangen, sondern stammen aus der hochtechnologisierten Welt der Weltraumforschung, insbesondere der Forschungsarbeit der NASA bei ihrer Suche nach weiterem Leben im All. Die atemberaubend schönen Bilder des Planeten Erde, die die weltumkreisenden Astronauten zum ersten Mal gesehen haben, eröffneten vielen Wissenschaftlern eine neue Perspektive, buchstäblich eine neue Weltsicht, und weckten ihre Neugierde, mehr über die Systeme zu erfahren, die das Leben unterhalten. Während die Ökologen dazu neigen, die gegenseitige Abhängigkeit des pflanzlichen und des tierischen Ökosystems zu untersuchen, beschäftigte sich Lovelock mit der ›Interregulation‹ aller Ökosysteme auf globaler Ebene. Die Ökologie weitete sich zu einer neuen Wissenschaft der Geophysiologie aus, die sich mit der Verbindung und der Regulierung zwischen allen Ökosystemen beschäftigt. Diese Ideen sind nicht neu, wie Lovelock freimütig zugibt. James Hutton behauptete schon 1785, die Erde sei ein Superorganismus, und einige ihrer Kreisläufe (zum Beispiel der des Wassers und der der mineralischen Nährstoffe) könnten mit dem Blutkreislauf verglichen werden. Diese Theorie ähnelt einigen mittelalterlichen Ideen über das Verhältnis von Mikro- und Makrokosmos, auch dem Gedankengut der Renaissance, Menschen und Planeten als im Verbund arbeitende Maschinen zu betrachten, und sogar der ›astrologischen Medizin‹ des Nicholas Culpeper, der die Bewegung der Planeten mit Symptomen im Körper in Verbindung brachte.

Für mich ist das Wesentliche an Lovelocks Theorie, daß sie den Menschen verkleinert. Bei Gaia sind die menschlichen Wesen nicht die Herren der Schöpfung, die alles pflanzliche und tierische Leben dominieren. Die Menschheit ist einfach nur eine Spezies unter vielen. Sie ist nicht auf der Welt, um anderes Leben auszubeuten oder zu gängeln, und wir sind letzten Endes nicht erhaltenswert, wenn unser Mißbrauch der Umwelt die Stabilität des Gaia-Systems als Ganzes bedroht.

Einige Gaia-Theoretiker sind Biologen oder Mikrobiologen, die kenntnisreich über das Pflanzenleben von den primitivsten bis zu den höchstentwickelten Formen schreiben. Ihre Perspektive ist jedoch globaler, sie sehen die Bedeutung der Pflanzen weniger in ihrer Heilwirkung für den Menschen, als vielmehr in ihrer regulierenden Funktion der Kreisläufe von Wasser, Kohlen- und Stickstoff und letztendlich des Weltklimas. Pflanzen schaffen und treiben die Atmosphäre an und sind deshalb Teil der ›Selbstheilung‹ des Planeten Erde selbst. Man kann ihre Bedeutung gar nicht überschätzen.

Oben: Nicholas Culpeper (1616–1654) brachte Pflanzen mit den Sternen in Verbindung.
Gegenüber: Unergründlichkeit inmitten eines Gartens

2. KAPITEL

DEN KÖRPER KURIEREN

Apotheken der Natur

Es gibt einige Pflanzen im großen Katalog der Apotheke der Natur, die sich leicht ziehen lassen und hilfreich sind, will man die Krankheiten des Körpers kurieren. Wir können diese Pflanzen zu Gärten ähnlich den alten Apothekergärten zusammenfügen. Heutzutage, wo wir mehr über richtige Ernährung wissen, sollten wir auch Obst und Gemüse einbeziehen, die mit ihren Ballaststoffen, Vitaminen und Mineralien unserer körperlichen Gesundheit besonders zuträglich sind. Viele der Pflanzen, die in der heutigen pharmazeutischen Industrie eine Rolle spielen, sind auch als Gartenpflanzen reizvoll. Damit bietet sich die Möglichkeit, einen dekorativen ›Gesundheitsgarten‹ zu entwerfen. Ob wir nun an allopathischer, homöopathischer oder an Kräutermedizin interessiert sind, ein Garten, der allein auf unser leibliches (und geistiges) Wohlbefinden ausgerichtet ist, kann nur ein Gewinn sein. Und nirgends wird deutlicher, wie wertvoll Pflanzen für uns sind. Einige wichtige Spezies, die unserem Körper wohltun, sind auf den folgenden Seiten abgebildet.

Der Kräutergarten der ›Royal Horticultural Society‹ in Wisley, Surrey. Der Ausschnitt zeigt Calendula, *verwendet in der Homöopathie,* Lavandula, *Bestandteil der Aromatherapie, und* Artemisia *und* Verbascum*-Spezies, eingesetzt in der Pflanzenheilkunde.*

PFLANZEN, DIE UNS GESUND ERHALTEN

Jahrhundertelang haben Ärzte und Apotheker Pflanzen als Heilmittel für leichtere Krankheiten und für die Erhaltung eines allgemeinen Wohlbefindens verordnet. Hier ist eine Auswahl leicht zu kultivierender Pflanzen zusammengestellt, von denen einige Arten in der Naturheilkunde, andere in der pharmazeutischen Industrie verwendet werden.

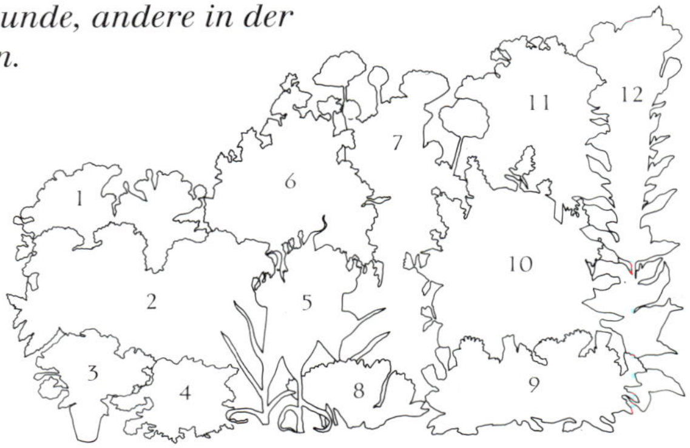

1. Mutterkraut *(Tanacetum parthenium, Chrysanthemum parthenium)* ist von Nutzen für die Behandlung von Fieber, Kopfschmerzen und Migräne. Pflanzzeit: Frühjahr.
2. Baldrian *(Valeriana officinalis)* dient als homöopathisches und Kräuterheilmittel bei Angstzuständen. Pflanzzeit: Frühjahr.
3. *Catharanthus roseus* enthält Alkaloide, die direkt aus der Pflanze extrahiert und gegen Leukämie eingesetzt werden. Zimmerpflanze für warme, helle Standorte.
4. Die Römische Kamille *(Chamaemelum nobile, Anthemis nobilis)* besitzt Öle, die entzündungshemmend und fiebersenkend wirken. Aussaat: Frühjahr.
5. Knoblauch *(Allium sativum)* enthält beißende Öle gegen Infektionen und Arteriosklerose. Pflanzzeit: Frühjahr; sonniger Standort.
6. Die schwarze Johannisbeere *(Ribes nigrum)* trägt Beerenfrüchte mit einem hohen Vitamin-C-Gehalt, die wirksam gegen Infektionen sind. Pflanzzeit: Herbst.
7. Der Schlafmohn *(Papaver somniferum)* gehört zu den selbst aussäenden einjährigen Pflanzen; aus den Samenkapseln wird das Schmerzmittel Morphin sowie Codein gewonnen. Aussaat: Mitte Frühjahr.
8. Die Herbstzeitlose *(Colchicum autumnale)* ist eine im Herbst blühende Zwiebelpflanze, die ein wertvolles Heilmittel gegen Gicht bereithält und auch in der Krebsforschung verwendet wird. Pflanzzeit: Spätsommer.
9. Die einjährige Ringelblume *(Calendula officinalis)* enthält wundheilende Substanzen, die in Kompressen oder als Salbe wirksam werden. Aussaat: Frühjahr.
10. Das Öl des Zitronenstrauches *(Aloysia triphylla, Lippia citriodora)* fördert die Verdauung und senkt Fieber. Die Blätter werden am besten als Tee verabreicht. Pflanzzeit: Frühjahr; warmer, geschützter Standort.
11. Fenchel *(Foeniculum vulgare)* ist ein mehrjähriges Kraut, dessen Samen im Tee gegen Blähungen wirken. Aussaat: Frühjahr.
12. Die Nachtkerze *(Oenothera biennis)* ist ein zweijähriges Kraut, dessen Bestandteile Ekzeme und prämenstruelle Spannung lindern. Pflanzzeit: Frühjahr.

GESUNDE ERNÄHRUNG

»Du bist, was du ißt« ist im Westen eine relativ neue Idee. Tatsächlich hat sich die ganze Wissenschaft von der Ernährung und vom Stoffwechsel der Nahrung im Körper hier erst Anfang des 20. Jahrhunderts entwickelt. Verglichen mit anderen Kulturkreisen, ist das sehr spät. In Indien beispielsweise ist die elementare Bedeutung der Nahrung schon im Ayurveda verankert.

In den letzten Jahrzehnten hat es viele Debatten über die Nahrung und ihre Auswirkungen auf die Gesundheit gegeben. In den 80er und 90er Jahren stand die Frage im Vordergrund, inwieweit sich synthetische Färbemittel und sonstige Zusätze in der Nahrung auf die Gesundheit auswirken und ob zwischen diesen Chemikalien und der Hyperaktivität von Kindern Zusammenhänge bestehen.

Man geht allgemein davon aus, daß die durchschnittliche Nahrung in Amerika und Nordeuropa zuviel Zucker, Salz, gesättigte Fettsäuren und Proteine und zuwenig ungesättigte Fettsäuren, Kohlehydrate und Ballaststoffe enthält. Inzwischen wird Druck auf die Hersteller ausgeübt, in stärkerem Maß als bisher vollwertige Fertiggerichte zu produzieren, und die Werbung hat eine große Geschicklichkeit im Vermarkten der nach jüngsten ›Diätmoden‹ maßgeschneiderten Gerichte entwickelt.

Der vegetarische Weg

Die Entdeckung eines Zusammenhangs zwischen gesättigten Fettsäuren und Gefäßerkrankungen war Anlaß zu lang anhaltenden Kontroversen. Untersuchungen ergaben, daß Bevölkerungen, deren Nahrung viel tierisches Fett enthält, zu einem hohen Prozentsatz an Herzkrankheiten leiden, was wiederum den Trend zu einer vegetarischen Ernährung unterstützt hat.

Da man erkannt hat, wie wesentlich Ballaststoffe für eine gute Verdauung sind, ist man dazu übergegangen, mehr Rohes zu essen – rohes Obst, leicht gedünstete oder kurz geschwenkte Gemüse – sowie Vollkornschrot oder ungeschälten Reis, kurzum eine Nahrung zu sich zu

Landhäuser und größere Anwesen hatten früher einen ummauerten Küchengarten, in dem frisches Gemüse gezogen wurde. Heute genießen viele Menschen Gemüse aus ihrem eigenen Garten oder Schrebergarten, wo sie frische Nahrungsmittel ziehen und über die Auswahl der Pestizide entscheiden können (wenn sie überhaupt welche benutzen wollen). Darüber hinaus besteht die Möglichkeit, auch neue Varietäten aller Gemüsearten auszuprobieren, und für gesunde körperliche Betätigung ist auch gesorgt.

nehmen, die eher der asiatischen Ernährungsweise entspricht.

Die vegetarische Ernährung hat auch durch die Ablehnung der Massentierhaltung zur Fleischerzeugung aus moralischen oder Gesundheitsgründen Impulse erhalten. Das Mißtrauen wächst gegen die Verwendung wachstumsfördernder Hormone und die Rückstände der regelmäßigen Antibiotikagaben, die durch eine allzu intensive Viehhaltung notwendig werden. Rückstände von Pestiziden und Herbiziden in Obst und Gemüse und in künstlich gezüchtetem Fisch haben die Verbraucher beunruhigt, so daß die Nachfrage nach Erzeugnissen aus biologischem Anbau immer größer wird. Viele Supermärkte haben inzwischen solche Produkte im Sortiment, und in den meisten größeren Städten gibt es Bioläden und Reformhäuser, in denen Vegetarier aus einem reichen Angebot an Lebensmitteln wählen können. Wer sein eigenes Obst und Gemüse zieht, hat nicht nur die beste Kontrolle über die Schadstoffbelastung seiner Lebensmittel, er haushaltet auch preiswerter.

Makrobiotik und Yin-Yang

Makrobiotik ist eine Ernährungs- und Lebensweise, die vom Gedankengut des Zen-Buddhismus geprägt ist und insbesondere auf der Idee der einander ergänzenden Gegensätze Yin und Yang (weiblich und männlich) beruht, die alle Lebensbereiche durchdringen sollen, damit ein ausgewogenes Ganzes entsteht. Diese Philosophie war wichtiger Aspekt in der frühen Bewegung der ›natürlichen Ernährung‹ und mitverantwortlich für das Postulat des »Du bist, was du ißt«.

Makrobiotische Kost basiert in erster Linie auf Körnern; Fleisch und Fisch sind sehr reduziert. Diese Ernährungsweise soll dem am nächsten kommen, was wir nach der Entwicklung unserer Physiologie essen sollten. Hauptbestandteil einer solchen Nahrung sind Körner, Hülsenfrüchte, Gemüse, Samen, Nüsse und etwas Obst, alles ›ausgewogene Nahrungsmittel‹. Zu viele Yang-Nahrungsmittel (Fleisch, Salz, Eier, Fisch und harter Käse) sollen Krankheiten verursachen, desgleichen der übermäßige Genuß von Yin-Nahrungsmitteln (Zucker, Obstsäfte, Gewürze und aus Pflanzen gewonnene Getränke). Man kann auch nur einige dieser Zutaten in seinen Speiseplan aufnehmen, um seine Ernährung ausgewogener, vollwertiger zu gestalten. Selbst die Methoden der Vorbereitung und das Garen der Nahrungsmittel können als Yin und Yang klassifiziert werden und zur Balance der Mahlzeit beitragen, wobei kräftiges Braten Yang und Kochen Yin entspricht.

DER MAKROBIOTISCHE ERNÄHRUNGSPLAN

Die makrobiotische Nahrung besteht normalerweise aus ungefähr 73 % Kohlehydraten (aus Vollkorn, Gemüsen und Hülsenfrüchten), 12 % Proteinen (aus Körnern, Hülsenfrüchten, Fisch, Nüssen und Samen) und 15 % Fett (aus Körnern, Bohnen, Samen und Nüssen). Sie enthält wenig Obst und keinen Zucker. Die Nahrungsmittel sollten nicht importiert sein.

Man kann sich eine Standardmahlzeit zusammenstellen, in der die Zutaten wie folgt verteilt sind:

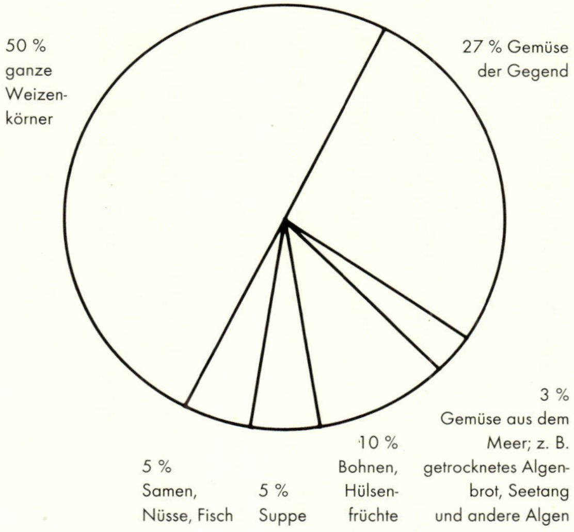

Erdnüsse sind eine wertvolle Proteinquelle.

Auf kleinem Raum einen maximalen Ernteertrag zu erzielen, ist in Stadtgärten häufig eine Notwendigkeit. Das Beispiel der Feuerbohnen an Wigwam-Klettergerüsten zeigt, daß es auch ohne Spezialdünger geht. Ungeziefer kann durch Pflanzengemeinschaften vertrieben werden. In diesem Fall soll das aromatische Laub der Studentenblumen die Schwarze Fliege abhalten. Da Feuerbohnen einen nährstoffreichen Boden und viel Feuchtigkeit brauchen, ist eine gute Bodenvorbereitung wichtig.

BIOLOGISCHES GÄRTNERN

Will man sein Gemüse ohne Pestizide und Herbizide ziehen, so muß man biologisch gärtnern, und als biologischer Gärtner sollte man zunächst ein neues Verhältnis zum Boden entwickeln. Der Boden ist nicht länger ein Träger von Chemikalien, sondern eine komplexe Struktur, deren natürliche Eigenschaften respektiert und richtig behandelt werden müssen.

Bodenpflege

Man kann die Bodenstruktur verbessern, indem man viel organisches Material wie Gartenkompost oder gut abgelagerten Stallmist hinzufügt. (Eine Anleitung zur Kompostherstellung finden Sie auf Seite 38.) Dadurch wird der Boden belüftet, durchlässiger und vermag die Feuchtigkeit besser zu halten. Vermeiden Sie unbedingt, auf nasse Erde zu treten, da Sie so Schaden verursachen, indem Sie den Boden verdichten, die Luft herausdrücken und seine Struktur zerstören. Stark lehmhaltige Böden kann man durch Zugaben von Kalk oder Gips verbessern.

Das Für und Wider in bezug auf das Umgraben hat zu heftigen Debatten unter den biologischen Gärtnern geführt. Die Gegner des Umgrabens argumentieren, dies sei eine völlig unnatürliche Tätigkeit, die durch Mulchen des Bodens ersetzt werden sollte. Andererseits wird jeder, der einmal auf einem Erdrutsch das üppig wuchernde Unkraut gesehen hat, erkennen, daß Pflanzen positiv auf die Belüftung reagieren, die eine Bewegung des Bodens verursacht. Ich meine, die Antwort liegt darin, daß man seinen eigenen Boden gut kennen sollte. Wenn er leicht ist, muß er wahrscheinlich nur wenig umgegraben und kräftig gemulcht werden. Einen lehmhaltigen, schweren Boden sollte man dagegen im Frühherbst, bevor er naß wird, umgraben oder vertikutieren. Friert er dann im Winter durch, entsteht an der Oberfläche ein guter Ackerboden, in den man im Frühjahr direkt aussäen kann.

Gartenkompost

Mittelpunkt eines jeden biologischen Gartensystems sollte immer ein guter Kompost sein, und er stellt eine sinnvolle Lösung dar, die Gartenabfälle zu verwerten. Gartenkompost verbessert die Bodenstruktur und fördert damit das Wurzelwachstum und die Durchlässigkeit des Bodens. Er verhindert, daß der Boden verdichtet wird, und versorgt die Pflanzen mit Nährstoffen. Wenn er für einen feuchten Boden als Mulch verwendet wird, unterdrückt er nicht nur das Unkraut, sondern hält auch die Feuchtigkeit im Boden.

Komposterde zum Eintopfen

Es ist wichtig, zwischen Gartenkomposterde und Topfkomposterde zu unterscheiden. Letztere wird für Topfpflanzen verwendet und ist in jedem Gartencenter erhältlich. Sie besteht aus sterilen Ingredienzen, damit die Sämlinge und jungen Pflanzen nicht von bakteriellen und Pilzerkrankungen befallen werden. Topfkomposterde ist in der Regel eine Mischung aus sterilisiertem Lehmboden, grobem Sand oder Perlit samt einer Beimischung von Dünger und Spurenelementen. In England sind im allgemeinen die auf Torf basierenden Komposterden durch auf Kokosfaser basierende ersetzt worden, um die schwindenden Torfgebiete Englands und Irlands zu erhalten, von denen viele als Landschaftsschutzgebiete ausgewiesen worden sind.

Unkrautbekämpfung

Wenn Sie biologisch gärtnern, dürfen Sie keine synthetischen Chemikalien verwenden, um vorhandenes Unkraut zu vernichten oder das Keimen von Unkräutern zu verhindern. Unkrautvernichter wurden vorwiegend zur Unterstützung von Landwirten entwickelt, denen es an Arbeitskräften mangelte, als die Menschen vom Land in die Stadt zogen, um dort zu arbeiten. Stellen Sie sich also darauf ein, daß Sie Ihre eigene Arbeitskraft aufwenden müssen, wenn Sie Unkraut auf biologischem Wege bekämpfen wollen! Wenn Sie Freude am Gärtnern haben, kann auch diese Arbeit ein Vergnügen sein.

Der Boden sollte niemals ungeschützt liegen. Wässern Sie ihn gut und bedecken Sie die Oberfläche mit einer 7–8 cm dicken Schicht aus organischem Material, damit die Unkräuter nicht keimen können. Wenn der Boden aus irgendeinem Grund brach liegt, sollte ein geeigneter Gründünger eingesät werden, der nach beendetem Wachstum umgegraben wird.

Lassen Sie niemals ein Unkraut aussamen. Die alte Gärtnerweisheit »ein Jahr Samen macht sieben Jahre Unkraut« ist, weiß Gott, richtig. Stören Sie den Boden während der Wachstumsperiode nicht mehr als nötig, da Sie dadurch zusätzliche Unkrautsamen zutage fördern kön-

HERSTELLUNG DES GARTENKOMPOSTS

Es ist nicht schwierig, Gartenkompost herzustellen, vorausgesetzt, Sie beachten die folgenden einfachen Regeln:

Wählen Sie einen Platz aus, der vom restlichen Garten nicht einzusehen ist, sich aber mit der Schubkarre gut anfahren läßt. Bauen Sie nebeneinander aus Holz zwei Behälter (mindestens 1 m^3 groß), deren Vorderseite abnehmbar ist, damit Sie direkten Zugang zum Kompost haben. Holz eignet sich am besten, weil es gut isoliert. Sparen Sie nicht an der Größe der Behälter, da nur ein ausreichendes Volumen die notwendige Wärme für die Zersetzung der Gartenabfälle und die Vernichtung der Unkrautsamen gewährleistet.

Jeder Behälter sollte zum Boden hin offen sein, damit Regenwürmer eindringen können. Sie tragen nicht nur zur Verrottung des Komposts, sondern auch zu seiner Belüftung bei.

Da es vorteilhafter ist, den Kompost in einem Arbeitsgang anzusetzen, sollten Sie Ihre Gartenabfälle in Säcken oder Haufen so lange aufbewahren, bis sich genug angesammelt hat. Setzen Sie den Kompost in einem der beiden Behälter an. Bedecken Sie den Boden mit dem gröbsten Material, damit für eine gute Drainage gesorgt ist, und verteilen Sie darüber mindestens 15 cm dicke Abfallschichten. Zerhacken Sie den restlichen groben Abfall und geben Sie auch etwas Erde hinein, da sie Bakterien enthält.

Achten Sie unbedingt darauf, daß keine Wurzeln mehrjähriger Unkräuter mit hineingelangen. Fügen Sie noch Material wie Geflügel- oder anderen tierischen Dung hinzu, da er Stickstoff enthält, der die Bakterien nährt, die wiederum den Zerfall beschleunigen. Jede Schicht sollte feucht, aber nicht durchnäßt sein. Bedecken Sie zum Schluß den Behälter mit einem alten Teppich oder ähnlichem, damit die Wärme nicht entweichen kann.

Um die allerbesten Ergebnisse zu erzielen, sollten Sie den Kompost in den zweiten Behälter umsetzen. Wann Sie das tun, hängt von der Jahreszeit ab; nach drei oder vier Wochen im Sommer oder nach ungefähr vier Monaten im Winter. Auf diese Weise belüften Sie den Kompost und tragen zu seiner Zersetzung bei.

Der Kompost sollte sich auf mindestens 60 °C erhitzen, wenn er angesetzt wird. Das ist wichtig, damit die Unkrautsamen vernichtet werden. Gebrauchsfertig ist der Kompost, wenn er dunkel und krümelig geworden ist.

Für Blätter sollten Sie einen eigenen Behälter (vielleicht aus Draht) bereitstellen, denn sie benötigen zum Zersetzen durchschnittlich zwei Jahre. Bei Platanenblättern dauert es länger, während es bei Eichen- und Buchenblättern schneller geht. Mit einem Häcksler läßt sich diese Zeit auf ein Jahr verkürzen. Sie können auch mit einem Rasenmäher mit rotierenden Messern über die auf den Rasen gefallenen Blätter fahren, um sie auf diese Weise vor dem Kompostieren zu zerhacken.

Wenn Sie sehen, was ein im Handel erhältlicher organischer Kompost kostet, werden Sie froh darüber sein, Ihren eigenen hergestellt zu haben, zumal Sie Ihre Haushalts- und Gartenabfälle entsorgen.

Gemüsebeete können sehr dekorativ sein, denn viele Arten haben nicht nur hübsche Blüten, sondern interessante Blattformen und -farben. Mitglieder der Brassica*-Familie treiben gewöhnlich blaugrüne Blätter; beim Rotkohl sind sie zusätzlich mit einem rötlichen Purpurton überfangen.*

nen. Richten Sie sich mit der Arbeit nach dem Wetter. Hakken Sie Unkraut bei heißem Sonnenschein, so wird Ihre Mühe belohnt, da es sofort abstirbt. Unkrauthacken bei nassem Wetter ist dagegen sinnlos, da viele Unkräuter gleich wieder anwachsen werden. Unterdrücken Sie Unkraut in einem Ziergarten durch eine dichte bodendeckende Bepflanzung. Bis sie sich voll etabliert hat, müssen Sie das Unkraut notfalls mit den Händen auszupfen.

Ungeziefer und Krankheiten

Häufig können derartige Beeinträchtigungen schon im Vorfeld durch gute Hygiene und andere gärtnerische Kontrollen verhindert werden, indem man zum Beispiel Varietäten auswählt, die im Hinblick auf ihre Widerstandskraft gegenüber Ungeziefer und Krankheiten gezüchtet worden sind. Wenn Sie ein Problem haben, gibt es dafür mehrere Lösungen, ohne daß Sie auf Chemikalien zurückgreifen müßten, die in der Umwelt verbleiben und alles natürliche Leben schädigen könnten. Eines der wirksamsten Mittel im Gewächshaus besteht darin, Raubinsekten gegen Ungeziefer und Krankheiten einzusetzen. Zunächst muß man aber das spezifische Problem genau erkennen, und es gibt viele Handbücher, die dabei behilflich sind.

Raubinsekten sind über den Fach- bzw. Fachversandhandel zu beziehen, wo man bisweilen auch beraten wird, wann und bei welcher Temperatur man sie einsetzen soll oder wann weitere Insekten benötigt werden. Da diese biologische Schädlingsbekämpfung eine Frage des Gleichgewichts ist, kann man niemals hoffen, das Problem völlig zu beseitigen. Es ist unvermeidlich, sobald man biologisch gärtnert, ein gewisses Maß an Schäden durch Ungeziefer zu akzeptieren. Die wichtigsten im Handel erhältlichen biologischen Schädlingsbekämpfer sind: *Encarsia formosa* für die Weiße Gewächshausfliege, *Phytoseuilus persimilis* gegen die Rote Spinne, *Aphidoletes* oder *Verticilium lecani* gegen Ameisen, *Cryptoleismus monstrosus* gegen Mehlwürmer und *Bacillus thuringiensis* gegen verschiedene Raupen.

Man kann auch gewisse Spritzmittel verwenden, wenn es absolut notwendig ist. Sanfte Seifenlaugen bewirken, daß das Ungeziefer von den Pflanzen fällt. Pyrethrum-haltige Mittel, die als unbedenklich empfohlen werden, sind vielleicht für große Teile der Nahrungskette nicht giftig, können aber für Fische und andere Wassertiere schädlich sein. Sprühen Sie sie also nicht auf Pflanzen, die am Wasser stehen.

Eine weitere Alternative ist es, Ungeziefer durch Pflanzengemeinschaften in Schach zu halten, indem man Pflanzen einsetzt, die abschreckende Chemikalien absondern. Zum Beispiel vertreiben dicht neben Karotten gepflanzte Zwiebeln die Möhrenfliege, und Stangenbohnen neben Kohl stören die Kohlfliege.

Andere natürliche Abschreckungsmittel sind Fettbänder, die man im Herbst um die Bäume bindet, damit das Ungeziefer nicht zur Überwinterung in die Rinde eindringen kann, und Papierkragen, die man um Kohlköpfe legt, damit die Kohlfliege daran gehindert wird, ihre Eier abzulegen.

Das Ablesen des Ungeziefers mit den Händen ist der letzte Ausweg, der Ihnen bleibt.

Dieser Garten in der Chelsea Flower Show macht reichlich Gebrauch von farbenprächtigen Tagetes zwischen Spargel und rotem Kohl. Die Terrakotta-Töpfe dienen zum Antreiben von Rhabarber.

VOLLWERTIGES GEMÜSE

Wer einen kleinen Garten besitzt, möchte sicher einen Teil seines Gemüsebedarfs selbst ziehen. Sie können den Vorteil extrafrischer Gemüse genießen, die Sie ein paar Minuten vor der Zubereitung ernten, indem Sie wenig und häufig aussäen. Wenn Sie einen Schrebergarten oder einen großen Gemüsegarten haben, werden Sie wahrscheinlich so viel Gemüse anziehen, daß Sie einen Teil davon im Winter lagern und einfrieren können. Schrebergärten sind oft sehr arbeitsintensiv, vor allem, wenn Sie ein stark verunkrautetes Stück Land übernehmen. Wenn Sie nun Ihre Arbeitszeit mit berechnen, dann ist das Gartengemüse sicher nicht billig. Sie sollten sich also vorher darüber im klaren sein, ob Ihnen diese Art Arbeit Spaß macht.

Die großen Vorteile des eigenen Gemüseanbaus bestehen nicht nur in der Geschwindigkeit, mit der Sie es vom Garten auf den Tisch bekommen, sondern auch in den alternativen Sorten, die Sie sich ziehen können. Viele davon sind in den Läden wahrscheinlich schwer erhältlich. Zudem können Sie die Gemüse biologisch anbauen, so daß Sie sicher sind, daß sie keine Rückstände enthalten. Da niemand weiß, ob diese Rückstände gehäuft, in der Verbindung miteinander und über einen längeren Zeitraum hinweg schädlich sind, tut man wahrscheinlich gut daran, sie zu vermeiden.

Zwiebeln lassen sich leicht aus Saatzwiebeln ziehen. Für die Einlagerung im Winter müssen sie gut trocknen.

Die Auswahl der Gemüse

Voraussetzung ist, daß Sie auf keinen Fall Gemüse mitten in Stadtbezirken oder in der Nähe befahrener Straßen ziehen. Der ›Bleiregen‹ aus den Autoabgasen kann beträchtlich sein, insbesondere auf den Blattgemüsen. Wenn Sie einen kleinen Garten haben, empfehle ich, überwiegend Salatzutaten zu ziehen – zum Beispiel Blattsalat, Frühlingszwiebeln, Radieschen, Spinat, rote Bete usw. Säen Sie wenig und dafür öfter aus, damit nicht zuviel Gemüse auf einmal reif wird. Koriander ist besonders schmackhaft zu grünen Salaten; da er sich aber wie Radieschen rasch vermehrt, sollte man nur alle zehn Tage etwas davon aussäen.

Überlegen Sie sich, welches Gemüse Sie besonders gern mögen und wofür Sie Platz haben. Zum Beispiel sind kommerziell angebaute Erbsen heute so gut, daß Ihr wertvoller Platz vielleicht besser genutzt ist, wenn Sie darauf Zuckererbsen anbauen, zumal sie in den Geschäften recht teuer sind. Wurzelgemüse wie Pastinaken, Karotten und Kartoffeln brauchen eine Menge Platz, so daß sie gegebenenfalls für Sie nicht in Frage kommen. Dagegen sind Lauch und aus Saatzwiebeln gezogene Zwiebeln auch auf einem kleinen Stück Land sehr ertragreich. Mögen Sie Kürbisse? Je nach Gartengröße sollten Sie vielleicht zwischen den kriechenden und den strauchig wachsenden Arten unterscheiden. Übrigens: Machen Sie reichlich Gebrauch von Glasglocken, in denen Sie winterharte Salatsorten und Blumenkohl ziehen, die im Frühjahr reif werden – diese Gemüse werden nämlich in manchen Handelsgärtnereien ausgiebig mit Fungiziden gespritzt.

Wer über ausreichend Platz verfügt, möchte sicherlich Kartoffeln ziehen. Sie können aus einer Reihe von Varietäten auswählen, die Sie als vorgezogene Pflänzchen kaufen und in der Mitte des Frühjahrs auspflanzen. So haben Sie

Verlängern Sie die Erntezeit frostempfindlicher Gemüse mit viktorianischen Glasglocken, die heute wieder zu stolzen Preisen als Repliken erhältlich sind.

Zugriff auf Sorten, die Sie als Handelsware entweder gar nicht oder nur für viel Geld bekommen. Ausgezeichnete Salatwaren sind 'Bamberger Hörnle' und 'Nicola'. Ausgefallene Sorten sind die festkochende englische 'Pink Fir Apple' oder die französische 'Vitelotte noire', eine dunkle Trüffelkartoffel mit nussigem Aroma. Die kommerziell angebauten Varietäten der Hauptsorten werden gewöhnlich nach der Ernte gespritzt, damit sie während des Lagerns nicht keimen. Tests der ›National Vegetable Station‹ in England haben ergeben, daß sich Pestizide genauso wie Vitamine und Mineralien direkt unter der Schale der meisten Gemüse konzentrieren. Wenn Sie also Ihre eigenen Kartoffeln verzehren, können Sie ohne Sorge die Schale mitessen (und damit auch von den Ballaststoffen profitieren). Das gleiche gilt für Möhren: gekaufte Ware sollte man schälen, um Rückstände der Pestizide, die gegen die Möhrenfliege gespritzt werden, zu entfernen.

Einige Gemüse werden auch in Großbetrieben nur mit wenigen Pestiziden gezogen, weil die Züchter gute krankheitsresistente Varietäten entwickelt haben. Was die Vermeidung von Rückständen betrifft, muß man sich also nicht die Mühe machen, Pastinaken oder rote Bete für die Einlagerung im Winter selbst zu ziehen. Das gleiche gilt auch für Zwiebeln und Lauch, wenn sie auch vielleicht mit einem Fungizid behandelt worden sind. Da im Hochsommer gekaufter Salat oft sehr schnell ohne künstliche Dünger oder Pestizide gezogen wird, ist er praktisch biologisch angebaut. Eine gesunde Ameise auf einem solchen Salat ist wahrscheinlich ein gutes Zeichen!

Erschöpfen Sie Ihren Boden nicht durch ununterbrochenen Anbau gleicher Gemüse. Praktizieren Sie Fruchtwechsel nach dem unten abgebildeten Schema. Mit Hilfe eines guten Rotationsverfahrens und einer guten Bodenpflege werden Sie ausgezeichnetes biologisches Gemüse ernten.

VIERFELDERWIRTSCHAFT

Unterteilen Sie das Grundstück in vier Felder. Setzen Sie in das erste Kartoffeln, Erbsen und Bohnen in das zweite, Wurzelgemüse in das dritte und Kürbisse und Kohl in das vierte. Pflanzen Sie die Gemüse jedes Jahr ein Feld weiter.

Arbeiten Sie organischen Dünger in die Erde ein, bevor Sie Kürbisse und Kohl pflanzen. Im nächsten Jahr wird er aufgebraucht sein, und so ›überfüttert‹ er nicht die Wurzelgemüse, die sich sonst leicht aufspalten. Erbsen und Bohnen produzieren ihre eigene Nahrung in ihren Wurzeln, indem sie Stickstoff aus der Luft aufnehmen; sie brauchen also keinen Dünger. Wenn Sie die Wurzeln nach der Ernte in der Erde lassen, tragen sie zur Ernährung der nachfolgenden Kartoffeln bei, obwohl man hier noch verbessern kann, indem man Fisch-, Blut- und Knochenmehl hinzufügt – ein ausgezeichneter organischer Ersatz für die chemischen Allzweckdünger. Da der organische Dünger bei dem Rotationsverfahren weit genug von den Kartoffeln entfernt ist, werden diese auch nicht vom Kartoffelschorf befallen.

So ernährt sich der Gemüsegarten selbst, und der Boden ist gut versorgt.

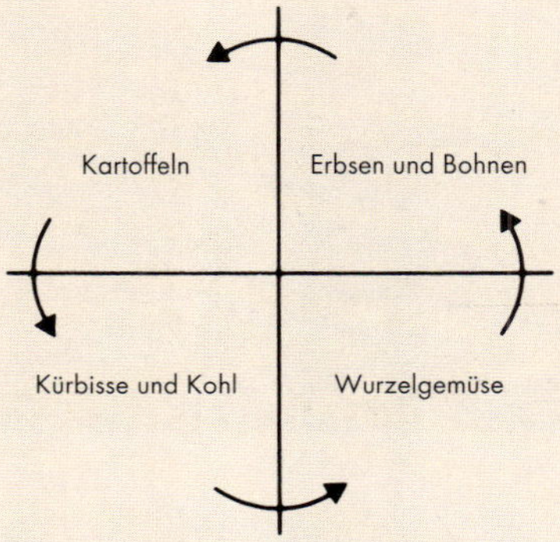

FRISCHES OBST

Obst ist wichtiger Bestandteil einer gesunden, ausgewogenen Ernährung. Es liefert Vitamine, Mineralien und viele Ballaststoffe, die zu einer guten Verdauung beitragen. In einem größeren Garten kann man Obst selbst ziehen und hat noch dazu die Gewißheit, daß die Produkte frei von Pestiziden sind.

Anzucht von eigenem Beerenobst

Beerenobst läßt sich in drei Kategorien einteilen. Ruten- oder Rankobst wie Himbeeren, Brombeeren oder Loganbeeren bringen Früchte an Ruten hervor, die festgebunden werden müssen. Busch- oder Strauchobst wie schwarze, rote und weiße Johannisbeeren, Blaubeeren und Stachelbeeren wachsen an frei stehenden Sträuchern. Die dritte Kategorie umfaßt Früchte, die an niedrigen, bodendeckenden Pflanzen wachsen, zum Beispiel Erdbeeren.

Wenn Sie im Garten auf professionelle Weise arbeiten wollen, werden Sie Ihr Beerenobst unter dem Schutz von Baumwoll- oder Nylonnetzen ziehen, damit die Vögel keinen Schaden anrichten können. Es lohnt sich immer, Pfosten aus behandeltem Holz und Draht zu investieren, an die Sie das Beerenobst festbinden können.

Kaufen Sie ein- oder zweijährige Ruten im Ruhezustand und pflanzen Sie sie irgendwann im Winter, wenn der Boden offen ist, in gute, mit Kompost angereicherte Erde. Setzen Sie Beerenobst im Abstand von 2,5 m auseinander, damit die fruchttragenden Zweige genug Platz haben. Bei Himbeeren reicht ein Pflanzabstand von 45 cm. Da die meisten Himbeeren Früchte an den Trieben des Vorjahres hervorbringen, müssen die Ruten, die gerade getragen haben, herausgeschnitten und die neuen Triebe festgebunden werden. (Ausnahmen sind die im Herbst tragenden Varietäten, die an den Trieben des laufenden Jahres fruchten; sie werden zu Beginn des Winters zurückgeschnitten.) Auch Brombeeren und Loganbeeren schneidet man nach der Ernte zurück: die abgetragenen Ruten werden bis zum Boden eingekürzt und die jährigen Triebe festgebunden.

Taybeeren, eine schottische Kreuzung aus Brombeeren und Himbeeren, sind im Handel hier nur selten erhältlich.

Pflanzen Sie Strauchobst in einem Abstand von 150 cm wie zwei Jahre alte Büsche. Auch in diesem Fall muß der Boden gut vorbereitet und müssen die Pflanzen bei mildem Wetter in der Ruhepause gepflanzt werden. Beschneiden Sie die Obststräucher im Winter. Entfernen Sie bei schwarzen Johannisbeeren ein Drittel des alten Holzes. Da rote und weiße Johannisbeeren und Stachelbeeren die meisten Früchte an den Seitentrieben tragen, müssen alle Jungtriebe auf etwa die Hälfte eingekürzt werden, um den Seitenaustrieb anzuregen.

Auch Blaubeeren sollten im Ruhezustand, und zwar in einen sauren Boden im Abstand von 120 cm gepflanzt werden. Zwischen anderen Sträuchern in einem Ziergarten sind sie ebenfalls attraktiv. Ihre Früchte reifen im Spätsommer. Lichten Sie jeden Winter einen Teil der ältesten Triebe aus, damit die Pflanzen kräftig bleiben.

Erdbeeren werden am besten im Spätsommer als Topfpflanzen eingekauft, damit sie sich noch vor dem Winter gut etablieren können. Pflanzen Sie sie in einem Abstand von 30 cm in einen mit Kompost angereicherten Boden. Die Pflanzen bringen drei Jahre lang einen guten Ertrag, vorausgesetzt, die Ausläufer werden entfernt. Nach Ablauf dieser Zeit sollten die Pflanzen ausgetauscht werden. Es empfiehlt sich, im Frühsommer Stroh unter den Blättern und unreifen Früchten zu verteilen, so bleiben sie zum Pflücken sauber. Man kann auch Glasglocken über die Erdbeerpflanzen setzen, damit die Früchte früher reifen, oder die Pflanzen in Erdbeertöpfen im Innenhof ziehen. Diese Töpfe sind recht ertragreich, solange der Boden immer feucht gehalten wird.

Anzucht von eigenem Baumobst

Eines der Probleme mit Baumobst im Gegensatz zu Beerenobst ist die Bestäubung, vor allem was Äpfel, Birnen, Kirschen und zum Teil auch Pflaumen betrifft. Pflanzen Sie in einem kleinen Garten, in dem für zwei Varietäten nicht genügend Platz ist, einen ›Familienbaum‹, auf den mehrere Varietäten gepfropft worden sind.

Äpfel und Birnen können als frei stehende Bäume auf einer Unterlage gezogen werden, die die für Ihren Garten passende Baumgröße garantiert. Darüber hinaus gibt es die Möglichkeit, sie an einer Mauer oder an einem Pfahl und an einem Maschendrahtzaun zu ziehen. Kordons oder Schnurbäume bringen Früchte an den kurzen Seitentrieben eines einzelnen Stammes hervor, der je nach Geschmack vertikal, diagonal oder in S-Kurven gezogen ist. Spalierbäume dagegen fruchten an Seitentrieben, die an in Lagen gezogenen horizontalen Zweigen sprießen. Niedrige Spalierbäume (mit ein oder zwei Lagen) bilden reizvolle Trennwände im Obstgarten und können anstelle von Hekken verwendet werden.

Pflaumen, Reineclauden und Kirschen kann man bisweilen als fächerartig gezogene Bäume kaufen, um sie unmittelbar an eine Mauer zu setzen. Die saure Schattenmorelle (köstlich in Aufläufen) gedeiht problemlos an einer schattigen Mauer. Auch Aprikosen, Pfirsiche und Nektarinen sind als Fächerbäume erhältlich, wenn auch recht kostspielig. Sie sind selbstbefruchtend, gedeihen aber bestenfalls an einer sehr warmen Mauer. Vielleicht verfügen Sie ja über einen entsprechend geschützten Standort in Ihrem Garten und können demnächst Ihre selbstgezogenen Pfirsiche anbieten.

Dieser Spalierapfel ist bogenförmig gezogen worden.

EMPFEHLENSWERTE VARIETÄTEN

Beerenobst		**Kern- und Steinobst**	
Blaubeeren	'Goldtraube'	Äpfel	'Grahams Jubiläum' mit
	'Bluecrop'		'Schöner aus Nordhausen'
Brombeeren	'Black Satin'		'Goldparmäne' mit 'James Grieve' oder
	'Theodor Reimers'		'Prinz Albrecht'
Erdbeeren	'Kent'	Aprikosen	'Aprikose von Nancy'
Himbeeren	'Veten'		'Ungarische Beste'
	'Schönemann'	Birnen	'Clapps Liebling'
Johannisbeeren, schwarz	'Silvergieters Schwarze'		'Josephine aus Mechelen'
	'Titania'	Kirschen, süß	'Regina' mit 'Gelbe Knorpelkirsche'
	'Ojebin'		oder 'Büttners Rote Knorpel'
Johannisbeeren, rot	'Red Lake'	Kirschen, sauer	'Morellenfeuer'
	'Jonkheer van Tets'	Nektarinen	'Nektarose'
Johannisbeeren, weiß	'White Versailles'	Pfirsiche	'Amsden'
Loganbeeren	'Josta'	Pflaumen	'Hauszwetsche'
Stachelbeeren	'Invicta'		'Königin Viktoria'
	'Rote Triumph'	Reineclauden	'Qullins', 'Graf Althans'

EXOTISCHES OBST UND GEMÜSE

Wer sich an den Anbau ausgefallener Obst- und Gemüsearten heranwagt, hat im Erfolgsfall nicht nur die Möglichkeit, den Speisezettel um phantasievolle Gerichte zu bereichern, er oder sie darf sich auch schmeicheln, etwas geleistet zu haben. Es gibt eine Reihe ungewöhnlicher Frucht- und Gemüsearten, deren Aufzucht auch hierzulande möglich ist, und nur wenige davon erfordern besonderen Schutz.

Ungewöhnliche Früchte

Actinidia deliciosa (A. chinensis) Kiwi
Diese köstliche grüne Frucht ist wegen ihres niedrigen Kalorien- und äußerst hohen Vitamin-C-Gehalts sehr gesund. Sie ist eine ausgezeichnete Dessertfrucht, die sich gut in Obstsalaten verarbeiten läßt. Die Pflanze ist zweihäusig, es muß also eine männliche Pflanze zum Bestäuben vorhanden sein. Kiwis erwarten einen sonnigen Standort.

Cydonia oblonga Quitte
Die Quitte ist ein kleiner Baum, der im Spätfrühjahr ziemlich große, blaßrosa Blüten und birnenartige Früchte hervorbringt, die Mitte Herbst reif werden. Quitten eignen sich vorzüglich für Marmeladen oder Gelees, man kann sie auch mit Zucker kandieren oder zu Quittenbrot, einem köstlichen Konfekt, verarbeiten.

Cyphomandra crassicaulis Tamarillo, Baumtomate
Die Bezeichnung ›Baumtomate‹ geht auf die Form der Früchte zurück, die an ovale Kirschtomaten erinnern, aber pikanter im Geschmack sind. Hierzulande muß diese Pflanze unter Glas gezogen werden. Ihre stark Vitamin-C-haltigen Früchte eignen sich gut für Torten.

Diospyros kaki Kaki, Persimone
Diese in China und Japan heimische Frucht setzt nur in warmen Klimaten wie im Mittelmeerraum, in Australien oder Südamerika Früchte an. Der Kakibaum erreicht eine stattliche Höhe und trägt orangefarbene, tomatenähnliche saure Früchte, die kandiert vorzüglich schmecken.

Eriobotrya japonica Loquat, Japanische Wollmispel
Dieser elegante kleine Baum oder Strauch benötigt unbedingt einen geschützten, sonnigen Platz, denn er blüht im Herbst und bringt seine wohlschmeckenden Früchte im Frühjahr zur Reife. In China und Japan heimisch, wird er überwiegend im Mittelmeerraum angebaut. Loquats schmecken gut in süßen Aufläufen. Sie sind reich an Vitaminen.

Ficus carica Feige
Feigen brauchen einen sehr warmen, geschützten Platz. Sie gedeihen gut an sonnigen Mauern. Grenzen Sie ihre Wurzeln mit einem aus Ziegeln gebauten quadratischen Kasten von 60 cm Durchmesser ein, den Sie genauso tief in den Boden am Fuße der Mauer einlassen. Das trägt dazu bei, daß der Baum mehr Früchte, aber dafür weniger Blätter hervorbringt. Feigen sind ein bewährtes Abführmittel.

Mespilus germanica Mispel
Die Mispel, die zur Familie der Rosengewächse zählt, ist ein kleiner Baum, der im Frühsommer blüht. Ihre merkwürdigen braunen Früchte kommen in England niemals zur vollen Reife, man pflückt sie aber im Spätherbst und läßt sie beinah verfaulen, bevor sie verzehrt werden. Diese ›angefaulte‹ Frucht wird dann zusammen mit Portwein oder Madeira als Delikatesse genossen. Sie hat eine körnige Textur und schmeckt ähnlich wie eine reife Birne. Pflanzen Sie eine bewährte Varietät wie ‘Nottingham’ oder

Maulbeerbäume haben eine lange Lebensdauer.

'Dutch' an einem sonnigen Platz in einen gut durchlässigen Boden.

Morus nigra Maulbeere, Schwarzfrüchtige Maulbeere
Maulbeeren sind im Handel nur äußerst selten erhältlich. Die Früchte können nur voll ausgereift gepflückt werden und sind dann extrem druckempfindlich. Ein Maulbeerbaum trägt schon in jugendlichen Jahren, und er erreicht ein hohes Alter. Es empfiehlt sich, unter einem Maulbeerbaum, der eine gute Größe erreicht hat, Zwiebelgewächse anzusiedeln und den Rasen bis zum Hochsommer nicht zu mähen. Auf diese Weise können die Früchte, die im Spätsommer reif werden und zum Teil unweigerlich herunterfallen, einen gepflegten Rasen nicht verunstalten! Aus Maulbeeren lassen sich ausgezeichnete Marmeladen und auch Wein herstellen.

Ein Granatapfel im Herbstlicht im Chelsea Physic Garden

Physalis peruviana Kapstachelbeere
Diese mehrjährige Pflanze, die früher am Kap der Guten Hoffnung kultiviert wurde, bringt leicht säuerliche, leuchtendgelbe Beeren in einem hohlen, vergrößerten Blütenkelch hervor. Die Kapstachelbeere bevorzugt leichten Schatten, stellt aber keine Ansprüche an den Boden.

Punica granatum Granatapfel
Dieses asiatische Gehölz ist jetzt in allen subtropischen Gebieten heimisch geworden. Man kann versuchen, es an einer sehr warmen Mauer zu ziehen, besser wird der Granatapfel jedoch im Mittelmeerraum gedeihen. Die Früchte haben ein den Passionsfrüchten ähnliches saures Fruchtfleisch voller Samen und fördern die Verdauung. Im Chelsea Physic Garden steht neben der Glocke, die früher die Pharmaziestudenten läuteten, um eingelassen zu werden, ein Granatapfelbaum, der regelmäßig Früchte trägt.

Ungewöhnliches Gemüse

Abelmoschus esculentus Okra, Eibisch
Diese Pflanze läßt sich in warmen Gärten verhältnismäßig leicht aus Samen ziehen und bringt sehr schöne, wenn auch kurzlebige Blüten hervor, bevor sie die großen Schoten ansetzt. Dieses Gemüse wird gern in Currygerichten verarbeitet, und es enthält viel Ballaststoff.

Apium graveolens var. *rapaceum* Knollensellerie, Wurzelsellerie
Das ist ein wertvolles Gemüse für schwere Böden, in denen Staudensellerie nicht gut gedeiht. Raspeln Sie die Wurzelknollen zu Salaten mit Zitronensaft-Dressing. Wurzelsellerie ist reich an Ballaststoffen.

Asparagus officinalis Spargel
Wenn Sie dieses schöne Gemüse ziehen, sparen Sie eine Menge Geld, da Spargel im Handel immer teuer ist. Sie brauchen aber einen unkrautfreien Boden, ein bißchen Platz für ein Beet, Geduld (es dauert sieben Jahre, bis man von zweijährigen Wurzeln ernten kann) und Disziplin (Spargel sollten Sie nach dem Hochsommer nicht mehr ernten, da sonst die Pflanzen geschwächt werden). Wenn Sie das alles beherzigen, können Sie Ihren eigenen Spargel mit Butter genießen.

Brassica Verschiedene und seltene Kohlarten
Neben den gewöhnlichen Kohlarten gibt es eine Reihe seltener Varietäten, die hauptsächlich in China angebaut wer-

WIE SICH TROPISCHE OBSTPFLANZEN AUS KERNEN ZIEHEN LASSEN

Viele reizvolle Pflanzen können leicht aus den Kernen tropischer Früchte gezogen werden. Alles, was man dazu braucht, ist ein einfaches Mini-Treibhaus, das eine gleichbleibende Temperatur gewährleistet, eine gute Anzuchterde und genügend Licht, wenn die Samen gekeimt haben. Dies ist ein Hobby, an dem Erwachsene und Kinder ihre Freude haben. Hier sind einige Früchte zusammengestellt, die in Supermärkten leicht erhältlich sind. (Wenn Sie trotz aller Sorgfalt nicht gleich erfolgreich sind, resignieren Sie nicht, versuchen Sie es nochmal.)

Frucht	**Botanischer Name**	**Keimmethode**	**Temperatur**	**Kompost**
Avocado	*Persea americana*	zur Hälfte mit Wasser bedecken, das spitze Ende des Kerns zuoberst; eintopfen, wenn sich Trieb/Wurzel gut entwickelt hat	18 °C (Raumtemperatur)	
Chayote	*Sechium edule*	eine große Frucht bis zur Hälfte in Komposterde betten	16 °C	Pikiererde Nr. 2
Cherimoya	*Annona cherimola*	Aussaat in Pikiererde; die Samen mit etwas Erde bedecken	21 °C	Pikiererde Nr. 2
Dattelpalme*	*Phoenix dactylifera*	Kerne in feuchtes Vermiculit in einer Plastiktüte aussäen oder in ein Mini-Treibhaus legen. Sobald sich Wurzeln entwickeln, eintopfen	21 °C	Pikiererde Nr. 1
Granatapfel	*Punica granatum*	frische oder getrocknete Samen im Frühjahr aussäen	21 °C	Komposterde
Grapefruit	*Citrus × paradisi*	Samen von einer ganz reifen Frucht aussäen; flach pflanzen	16–21 °C	Komposterde
Guave	*Psidium guajava*	frische Samen aussäen	16–21 °C	Komposterde
Karambolabaum	*Averrhoa carambola*	frische Samen aussäen	21 °C	Komposterde
Kumquat	*Fortunella* sp.	wie bei Grapefruit	16 °C	Komposterde
Loquat	*Eriobotrya japonica*	wie bei Grapefruit	13 °C	Komposterde
Mango*	*Mangifera indica*	den abgeflachten Stein mit dem scharfen Rand nach unten in die Erde legen	21–24 °C	Pikiererde Nr. 2
Papaya	*Carica papaya*	frische Samen aussäen	18 °C	Pikiererde Nr. 2
Passionsblume	*Passiflora edulis*	frische Samen in ihrem Fruchtfleisch aussäen	18 °C	Pikiererde Nr. 2
Rambutan	*Nephelium lappaceum*	frische Samen aussäen	21–24 °C	Komposterde

* Samen mit sehr heißem (nicht kochendem) Wasser bedecken und 24 Stunden vor der Aussaat vollsaugen lassen.

Schmackhafter Meerkohl (unten rechts) mit seinen hübschen Blüten, hier zusammen mit blühenden walisischen Zwiebeln

den. Leicht gedünstet sind sie Bestandteil vieler chinesischer Gemüsegerichte. Das Geheimnis dieser Kohlarten besteht darin, sie schnell mit viel Wasser in feuchtem Boden zu ziehen und sie als junge Gemüse zu essen. Kohlrabi ist eine wertvolle Varietät, die auf die gleiche Weise gezogen wird. Schonend gegart, um seine Vitamine zu erhalten, bewahrt er auch sein nussiges Aroma.

Capsicum annuum Paprika
Ich erinnere mich, daß ich Paprika 1973 angebaut habe, als dieses Gemüse in England noch eine Seltenheit darstellte. Heute ist es ziemlich alltäglich, muß aber eigentlich in einem Kalthaus oder unter hohen Glasglocken gezogen werden, wo es genauso gut wie Tomaten gedeiht. Paprika schmecken roh oder gedünstet.

Crambe maritima Meerkohl
Der Meerkohl ist eine dekorative Küstenpflanze mit graugrünen Blättern und weißen Blüten. Wenn man im Herbst die Wurzeln ausgräbt, sie eintopft und ins Dunkle (in einen belüfteten Schrank oder warmen Keller) stellt, kann man das Austreiben der jungen Sprößlinge beschleunigen. Sie haben einen nussigen Geschmack und sind im Winter, wenn es an vitaminhaltigem frischem Gemüse fehlt, eine willkommene Salatpflanze.

Cynara scolymus Artischocke
Diese schöne distelartige Pflanze mit blauer Blüte hat einen Platz in der Blumenrabatte verdient. Hinzu kommt noch, daß man den ungeöffneten Blütenkopf abschneiden, kochen und als Vorspeise reichen kann, indem man das fleischige Unterteil eines jeden Blütenblattes in geschmolzene Butter oder leichte Vinaigrette taucht.

Helianthus tuberosus Topinambur
Die unterirdischen Knollen mit dem nussigen Aroma werden sowohl gedünstet, gebraten, ausgebacken oder roh (geraspelt und mit Zitronensaft abgeschmeckt) verzehrt. In einem guten Sommer bringen die Pflanzen Blüten wie kleine Sonnenblumen hervor. Da sie äußerst produktiv sind, reichen wenige Exemplare.

Scorzonera hispanica Schwarzwurzel
Dieses Wurzelgemüse mit schwarzer Schale hat ein leicht süßliches, weißes Fleisch, das auch für Diabetiker bekömmlich ist. Beläßt man das Gemüse eine weitere Saison im Boden, sind seine Wurzeln länger und einfacher zu ernten.

Solanum melongena Aubergine
Für dieses Gemüse lohnt sich schon ein wenig Aufwand. Es wird wie Paprika gezogen (eventuell unter Glas), und man muß Raubinsekten gegen die Weiße Fliege einsetzen. Verwenden Sie Auberginen in Ratatouille oder füllen Sie sie mit Fleisch oder anderen Gemüsen. Sie sind die Grundlage einer griechischen Moussaka. Auberginen sollten nicht roh verzehrt werden.

Tragopogon porrifolius Haferwurzel
Dieses Wurzelgemüse wird auf gleiche Weise wie Schwarzwurzeln gezogen, erinnert aber im Geschmack entfernt an Austern. Es läßt sich sehr gut zu einer cremigen Suppe verarbeiten.

ALLHEILMITTEL KNOBLAUCH

Knoblauch gehört zur Familie der Zwiebeln und genießt als Heil- wie als Gewürzpflanze gleichermaßen Anerkennung. Das Gemüse, von dem man ursprünglich annahm, es stamme aus Asien, kann weltweit auf eine lange Geschichte zurückblicken. Die Ägypter erlaubten ihren Sklaven den Verzehr von Knoblauch, um sie bei Kräften zu halten, die griechischen Athleten glaubten, Knoblauch spende ihnen Energie, und auch die Römer wußten Knoblauch zu schätzen.

Knoblauch in der Medizin

Schon der griechische Arzt Galen bezeichnete Knoblauch als Allheilmittel, und durch die ganze Pharmaziegeschichte hindurch ist er zur Behandlung der unterschiedlichsten Erkrankungen herangezogen worden – als Antibiotikum, als schleimlösendes Mittel, zur Behandlung von Thrombosen, von Würmern, Aussatz und sogar Diabetes. Culpeper empfahl Knoblauch als Mittel gegen Hautkrankheiten und war überzeugt, es gebe nur wenige Leiden, die nicht mit Knoblauch zu heilen seien. Die Chinesen kurieren mit Knoblauch Verdauungsprobleme, Keuchhusten und Hautkrankheiten, und Tests haben erwiesen, daß Knoblauch den Cholesterinspiegel im Blut zu senken vermag.

Im Mittelalter wurde Knoblauch zur wichtigen Zutat in einem dubiosen Gebräu, mit dem sich Diebe selbst zu schützen meinten, wenn sie Pestkranke ausraubten.

Im Ersten Weltkrieg war Knoblauch in Notfällen ein wertvolles Antiseptikum, und bis heute wird er in der Homöopathie eingesetzt. Die antibiotische Wirkung von Knoblauch führt man auf das Allicin zurück, einem Bestandteil der ätherischen Öle des Knoblauchs, die ihm seinen charakteristischen Geruch verleihen.

Mit einem solchen Repertoire an Verwendungsmöglichkeiten erstaunt es nicht, daß Knoblauch auch in der Volkskunde eine wichtige Rolle gespielt hat. Im ganzen Mittleren und Fernen Osten wurden Knoblauchzehen zum Schutz gegen das Böse getragen, und im Mittelalter hielt man Knoblauch für ein Aphrodisiakum und glaubte, er könne außerdem Vampire vertreiben.

Knoblauch in der Küche

In England wurde Knoblauch lange Zeit als ›Bauernspeise‹ abgelehnt und abwertend als ›Kampfer der Armen‹ bezeichnet. Dagegen haben Franzosen und Italiener Knoblauch immer gern in ihrer Küche verwendet. Zur Knoblauchernte feiern die Franzosen sogar besondere Feste, auf denen alle gereichten Speisen Knoblauch enthalten. Aïoli (eine Knoblauchmayonnaise) erfreut sich in Frankreich besonderer Beliebtheit. In Gilroy, Kalifornien, dem Knoblauchlieferanten der USA, findet jedes Jahr ein großes Festival statt.

Unzählige Knoblauchzöpfe auf dem Markt von Carcassonne im Languedoc in Südfrankreich

Für den durchdringenden Geruch, den Knoblauch abgibt, sobald die Zehen zerdrückt werden, sind diverse schwefelige Bestandteile verantwortlich. Diese Duftstoffe können von den Därmen oder der Haut absorbiert und dann ausgeatmet oder durch die Haut ausgedünstet werden. Wer Knoblauch ablehnt, kann ihn als Medizin in Form geschmack- und geruchloser Kapseln zu sich nehmen oder ihn in Speisen mitkochen, da sich der unangenehme Geruch durch Erhitzen teilweise verflüchtigt. Auch Petersilie bzw. das darin enthaltene Chlorophyll mildert den schlechten Atem.

Die Hauptanbaugebiete von Knoblauch sind heute in Spanien, Ägypten und Argentinien, obwohl auch in China, Thailand, Frankreich und Italien Knoblauch in großen Mengen kultiviert wird. Weltweit ist Knoblauch nach der Zwiebel *(Allium cepa)* das meistproduzierte Alliumgewächs. In England sind die warmen Gegenden an der Südküste und auf der Isle of Wight zum Anbau von Knoblauch am besten geeignet. Wer gern frische Kräuter sammelt, sollte sich nach dem Bärlauch *(Allium ursinum)* umsehen, einer schönen Waldpflanze mit breiten Blättern, weißen Blütenköpfen und mildem Knoblaucharoma.

SUPPE AUS 21 KNOBLAUCHKNOLLEN

Diese Suppe, die für mindestens acht Personen ausreicht, soll nach dem Genuß von zuviel Alkohol sehr heilsam sein.

21 Knoblauchknollen (nicht Zehen)
2,5 l Wasser
1 bouquet garni
Salz und Pfeffer
4 Eßl. Olivenöl
75 g Butter
50 g Mehl
2 Eier, verquirlt

Die Zehen trennen und 1 Minute blanchieren. Danach abseihen und schälen (sich genug Zeit dafür lassen!). Das Wasser mit dem Knoblauch, dem bouquet garni und dem Olivenöl zum Kochen bringen. Mit Salz und Pfeffer abschmecken.

Die Suppe 1 Stunde lang simmern lassen und die Zehen anschließend mit einem Holzlöffel vollständig zerdrücken. Das Mehl in der Butter leicht anschwitzen und in die Suppe rühren.

Die Suppe etwas abkühlen lassen und die verquirlten Eier einziehen. Mit frischem Brot servieren.

KNOBLAUCH SELBST ZIEHEN

Besorgen Sie sich große, feste Knoblauchknollen und teilen Sie sie in einzelne Zehen auf. Verwenden Sie die kleinen Zehen zum Kochen und pflanzen Sie die größten 3–4 cm tief und 15 cm auseinander in einen kompostreichen Boden in die volle Sonne. In Gegenden mit kalten, nassen Wintern sollten Sie sie im Spätherbst oder zu Beginn des Frühjahrs pflanzen. Halten Sie das Beet unkrautfrei und entfernen Sie die Blütenköpfe, sobald sie erscheinen. Lassen Sie die Pflanzen im Hochsommer absterben und ernten Sie die Knollen im Spätsommer. Trocknen Sie sie auf einem Gitter in einem kühlen, trockenen, gut belüfteten Raum. Lagern Sie die Knollen zu Zöpfen gebunden (wie Zwiebeln) oder lose in Netzen an einem luftigen Ort bei bis zu 20 °C.

Knoblauch läßt sich am besten in einem kühlen, gut belüfteten Schuppen lagern. Mit Kräutern wird daraus eine köstliche Suppe.

ARZNEIKRÄUTER

Es gibt eine Reihe Kräuter, die sich als Heilmittel gegen leichtere Beschwerden bewährt haben. Die Tabelle auf der gegenüberliegenden Seite zeigt, wie die Pflanzen gezogen und wann sie medizinisch eingesetzt werden. Die Liste weiter unten faßt die wichtigsten in der Pflanzenheilkunde üblichen Darreichungsformen und Anwendungsmethoden zusammen. Grundsätzlich sollten Sie nur leichtere Erkrankungen selbst behandeln und unbedingt sofort einen Arzt aufsuchen, wenn keine Besserung eintritt. Es könnte geschehen, daß Sie die Symptome aus Unkenntnis nicht richtig interpretieren und die Erkrankung unterschätzen.

DARREICHUNGSFORMEN UND ANWENDUNGSMETHODEN	
Dekokt, Abkochung	Kräuter werden bis zu 3 Stunden in Wasser gekocht, damit sie ihre heilenden Eigenschaften an die Flüssigkeit abgeben.
Dunstumschlag	Kräuter werden einige Zeit über kochendem Wasser in einem Sieb gedämpft, warm in ein Mulltuch geschlagen und auf die schmerzende Körperstelle aufgelegt.
Infus, Aufguß	Man läßt die Kräuter mehrere Minuten in kochendem Wasser zugedeckt ziehen. Gewöhnlich werden so Kräutertees zubereitet. Je nach Struktur des verwendeten Pflanzenteils (etwa Rinde oder Wurzeln) kann ein Dekokt effektiver sein.
Kaltauszug	Die Inhaltsstoffe mancher Kräuter vertragen ein Erhitzen nicht. Diese Kräuter gibt man für 8–12 Stunden in kaltes Wasser.
Kompresse	Ein Leinen- oder Baumwolltuch wird in einen kalten oder warmen Kräuterextrakt getaucht, ausgedrückt und aufgelegt, um z. B. bei Quetschungen Linderung zu bringen. Zahlreiche Hausmittel werden in Form von Kräuterkompressen verabreicht.
Öl	Kräuter werden in Pflanzenöl mit einem kleinen Zusatz Essig eingelegt und müssen mehrere Wochen an einem warmen Ort ruhen. So geben sie ihre Wirkstoffe an das Öl ab, das zu einer therapeutischen Massage verwendet werden kann.
Salbe	Eine Paste zur äußerlichen Anwendung. Um sie herzustellen, läßt man zerdrückte Kräuter ca. 20 Minuten in geschmolzenem Fett auf schwacher Hitze simmern.
Sirup	Ein Kräuterextrakt wird mit ausreichend Zucker aufgesetzt und so lange auf schwacher Hitze gekocht, bis er eine sirupartige Konsistenz angenommen hat. Wird wegen seines angenehmeren Geschmacks von Kindern leichter genommen.
Tinktur	Kräuter werden mit 38–40%igem Korn- oder Obstbranntwein ca. 14 Tage angesetzt.

Nachtkerzen heilen Ekzeme.

Rosmarinöl wird zum Einreiben verwendet.

PFLANZLICHE ARZNEIEN GEGEN LEICHTERE ERKRANKUNGEN

Kraut/Botanischer Name	Kultivierung	Anwendung/Medizinische Verwendung
Aloe *Aloe vera*	als Topfpflanze in einem sonnigen Fenster	als Salbe gegen leichtere Muskelschmerzen
Anis *Pimpinella anisum*	im späten Frühjahr aussäen	als heißer Tee für die Verdauung
Arnika *Arnica montana*	im späten Frühjahr aussäen	als Salbe auf schmerzende Quetschungen
Augentrost *Euphrasia rostkoviana (E. officinalis)*	aussäen (Sie können vielleicht kleine Samenmengen auf Weideland sammeln)	als heißer Tee gegen Heuschnupfen
Baldrian *Valeriana officinalis*	zu Beginn des Frühjahrs aussäen	aus der Wurzel einen Kaltauszug zubereiten und zur Nervenberuhigung trinken
Beinwell *Symphytum officinale*	zu Beginn des Frühjahrs aussäen	zerdrückte Blätter als kalte Kompresse bei schmerzenden Quetschungen
Holunder, Schwarzer *Sambucus nigra*	im Spätsommer aussäen	als heißer Tee gegen leichtes Fieber
Johanniskraut *Hypericum perforatum*	zu Beginn des Frühjahrs aussäen	als Massageöl bei Quetschungen oder zur Behandlung von Schnittwunden
Kapuzinerkresse *Tropaeolum majus*	im späten Frühjahr aussäen	als Dunstumschlag aus den zerdrückten Samen zur Heilung von Gerstenkörnern
Koriander *Coriandrum sativum*	im späten Frühjahr aussäen	als heißer Tee für die Verdauung
Kümmel *Carum carvi*	im späten Frühjahr aussäen	die Samen für eine gute Verdauung oder gegen Blähungen kauen
Lindenblüten *Tilia × vulgaris*	von ausgewachsenen Bäumen sammeln	als heißer Tee gegen Kopfschmerzen
Majoran *Origanum majorana* und *Origanum vulgare*	im späten Frühjahr aussäen	als Öl gegen leichtere Muskelschmerzen oder auf einem Baumwolltuch gegen Zahnschmerzen
Nachtkerze *Oenothera biennis*	im späten Frühjahr aussäen	als Öl, äußerlich anzuwenden, gegen Ekzeme
Petersilie *Petroselinum crispum*	im späten Frühjahr aussäen	aus den zerdrückten Blättern eine kalte Kompresse zur Linderung von Insektenstichen zubereiten
Pfefferminze *Mentha × piperita*	zu Beginn des Frühjahrs aussäen	als heißer Tee für die Verdauung
Rosmarin *Rosmarinus officinalis*	zu Beginn des Frühjahrs Stecklinge schneiden; benötigt einen warmen Platz	als Öl gegen leichtere Muskelschmerzen
Schafgarbe *Achillea millefolium*	zu Beginn des Frühjahrs aussäen	als Salbe zur Linderung von Frostbeulen
Thymian *Thymus vulgaris*	zu Beginn des Frühjahrs aussäen	eine Tinktur zubereiten und damit zur Linderung von Halsschmerzen gurgeln
Ysop *Hyssopus officinalis*	zu Beginn des Frühjahrs aussäen	als heißer Tee gegen leichtes Fieber
Zaubernuß *Hamamelis virginiana*	eine junge Pflanze kaufen (aus Samen gezogen, entwickelt sie sich sehr langsam)	aus der Rinde eine Kompresse zubereiten und damit Quetschungen lindern; auch als Salbe zur Heilung von kleinen Wunden
Zitronenmelisse *Melissa officinalis*	zu Beginn des Frühjahrs aussäen	als heißer Tee gegen Kopfschmerzen

KRÄUTERTEES LINDERN UND BELEBEN

Die einfachste und vermutlich auch die beliebteste Art, in den Genuß von Naturheilmitteln zu kommen, ist eine Tasse aromatisch duftender Kräutertee. Geschmacklich kann ein Aufguß von Kräutern eine gute Alternative zu Kaffee oder schwarzem Tee darstellen, und gesünder ist er ohnehin. Zwar kann man diverse Kräutertees fertig kaufen, aber es ist reizvoller (und auch um einiges preiswerter), selbstgezogene Kräuter zu verwenden. Trinken Sie den Tee heiß im Winter und eisgekühlt im Sommer.

Man rechnet drei Teelöffel frische Kräuter pro Tasse kochendes Wasser; aromatischer wird der Tee, wenn man die Blätter vor dem Überbrühen zerpflückt. Im Winter kann man auf getrocknete Kräuter zurückgreifen, die man ebenso wie schwarzen Tee in lichtundurchlässigen, luftdicht verschlossenen Gefäßen (aus Porzellan, Blech oder dunklem Glas) aufbewahrt, damit das Aroma erhalten bleibt. Lassen Sie den Tee etwa fünf Minuten ziehen, bevor Sie ihn abgießen. Süßen Sie nach Belieben mit Honig.

CULPEPERS EMPFEHLUNG

Kamillenblüte
»lindert [. . .] alle Pein und Schmerzen des Bauches.«

Pfefferminze
»Dieses Kraut hat einen kräftigen, angenehmen, aromatischen Geruch [. . .] es ist von Nutzen bei Beschwerden des Bauches, wie Blähungen und Erbrechen etc., gegen die es nur wenige wirksame Arzneien gibt.«

Thymian
»Innerlich angewendet, tut dieses Kraut dem Bauch wohl und vertreibt lästige Winde.«

Zitronenmelisse
»vertreibt alle beschwerlichen Sorgen und Gedanken aus dem Geist, die aus Melancholie und schwarzer Galle entstehen.«

Rechts oben: Nicholas Culpeper, der berühmte Pflanzenspezialist aus dem 17. Jahrhundert, hat seine Kenntnisse und Ratschläge nicht in lateinischer, sondern in englischer Sprache niedergeschrieben, damit das ›einfache Volk‹ sie leichter lesen konnte.

Rechts: Die Indianernessel Monarda didyma *ist in den USA als Oswego-Tee bekannt, denn aus ihren Blüten kann ein öliger Kräutertee zubereitet werden. Diese Spezies wird aber nicht zum Parfümieren des Earl-Grey-Tees verwendet. Er erhält sein Aroma vom Öl der Bergamotte* Citrus bergamia, *mit dem er besprüht wird.*

EINE LISTE VON KRÄUTERTEES

Kraut	**Botanischer Name**	**Therapeutische Wirkung**	**Besondere Bemerkungen**
Baldrianwurzel	*Valeriana officinalis*	sehr wirkungsvoll gegen Streß und Angstgefühle	24 Stunden in kaltem Wasser ziehen lassen (Kaltauszüge dauern länger als heiße Aufgüsse)
Hagebutte	*Rosa canina*	kräftigend	getrocknete Hagebutten verwenden; überbrühen und 7 Minuten ziehen lassen; reich an Vitamin C
Hopfenblüte	*Humulus lupulus*	schlaffördernd	nur ein paar Minuten ziehen lassen, damit er nicht zu stark wird
Indianernesselblüte	*Monarda didyma*	schlaffördernd	den Tee nicht zu heiß aufbrühen
Kamillenblüte	*Chamaemelum nobile*	schlaffördernd; gut gegen Erkältung, Kopfschmerzen und Bauchschmerzen	nur ein paar Minuten ziehen lassen, damit er nicht zu stark wird
Königskerze	*Verbascum thapsus*	lindert Husten	10 Minuten ziehen lassen und durch ein Mulltuch abgießen
Lindenblüte	*Tilia × vulgaris*	entspannend, schlaffördernd; verbessert die Blutzirkulation	nicht länger als ein paar Minuten ziehen lassen
Pfefferminze	*Mentha × piperita*	verdauungsfördernd, lindert Blähungen, Koliken, Erbrechen, Fieber, morgendliche Übelkeit bei Schwangerschaft; grundsätzlich ein empfehlenswertes Digestivum	nicht zusammen mit homöopathischen Mitteln einnehmen, da Pfefferminze sie in ihrer Wirkung beeinträchtigen soll
Salbei	*Salvia officinalis*	gegen Streß	besser nicht in der Schwangerschaft verwenden
Schachtelhalm	*Equisetum* sp.	beruhigt einen verdorbenen Magen	das getrocknete Kraut 1 Stunde lang einweichen; aufkochen und dann 10 Minuten simmern lassen; nach 10 Minuten abgießen und trinken
Thymian	*Thymus vulgaris* oder *T. × citriodorus*	lindert Kopfschmerzen; wirkt allgemein stärkend	10 Minuten ziehen lassen
Waldmeister	*Galium odoratum*	kräftigend, erfrischend	1 Stunde in heißem Wasser ziehen lassen; mit Zitrone und Honig kalt trinken
Zitronenmelisse	*Melissa officinalis*	entspannend; mindert Ruhelosigkeit; schweißtreibend bei Erkältungen/Grippe (den Arzt hinzuziehen, falls das Fieber anhält)	empfehlenswertes Getränk vor dem Schlafengehen
Zitronenstrauch	*Aloysia triphylla*	schlaffördernd	nur 2 Minuten ziehen lassen, da dieses Kraut ein kräftiges Aroma hat

ENTWURF EINES KRÄUTERGARTENS

Derzeit erlebt der nostalgische Kräutergarten eine Renaissance. Da diese reizvollen aromatischen Pflanzen wenig Platz beanspruchen, lassen sich sogar in einer Stadtwohnung Wege finden, einen eigenen kleinen Kräutergarten anzulegen, und sei es nur ein Kräutertopf auf dem Fensterbrett, ein Blumenkasten oder ein kleines Beet in der Nähe des Hauses. Mit der Gestaltung einer Kräuterecke kann man in seinem Garten einen auffälligen und zugleich nützlichen Akzent setzen und darüber hinaus an eine der ältesten Gartentraditionen anknüpfen.

Zur Geschichte des Kräutergartens

Was die Konzeption des Kräutergartens betrifft, so hat der streng gestaltete Klosterhof die längste Tradition. Im Mittelalter wurden Kräuter für medizinische oder kulinarische Zwecke in der Nähe der Krankenstation und der Küche des Klosters gezogen, wie es schon in den frühen Gärten Pompejis üblich war. (Eine im Jahre 1961 entworfene moderne Version kann man im Kitchen Court des Emmanuel College in Cambridge bewundern.) Diese Gärten waren immer streng gestaltet, das heißt die Beete waren entweder mit niedrigen Hecken oder aus Rohr geflochtenen Zäunen eingefaßt, damit man die Kräuter problemlos pflücken konnte. Die strenge Gestalt der Gärten spiegelte die strenge Ordnung des Mönchslebens wider. Meist waren die Gärten in vier Teile gegliedert und hatten in der Mitte einen Blickfang. Dieses Konzept der Klostergärten wurde verbindlich, und viele Apothekergärten des 16. und 17. Jahrhunderts sind nach ihrem Muster angelegt worden. Eine solche Anlage ist noch heute im Chelsea Physic Garden zu besichtigen, wenn hier auch inzwischen der Kräutergarten und die Heilpflanzen auf ein Viertel des Gartens beschränkt sind.

Die Planung

Der große Vorteil eines geometrischen Grundrisses besteht darin, daß er es ermöglicht, den eher lockeren Wuchs vieler Kräuter, der im Frühjahr schön aussieht, gegen Ende

Links: Viele Kräuter sind in der Blüte so dekorativ, daß sie gut in eine gemischte Rabatte passen, wie hier in Barrington Court, Somerset. Die Blätter und Blüten von Liebstöckl, Angelika, Eberraute, Beinwell, goldenem Majoran, Zitronenmelisse und Schnittlauch bilden hier eine schöne Farbengemeinschaft mit den Lupinen.

Gegenüber: Kleine streng geometrisch gestaltete Kräutergärten sind häufig in Form eines ›Kräuterrades‹ mit einem dekorativen Element im Zentrum angelegt. Hier profitieren die kriechenden Thymianarten davon, daß das Pflaster die Sonnenwärme reflektiert. Leider ist es zu schmal für Rollstuhlfahrer.

des Sommers aber formlos und müde wirkt, unter Kontrolle zu halten. Sauber geschnittene Hecken und gerade Wege können dem ›Chaos‹ entgegenwirken, und in Form geschnittene Gehölze setzen vertikale Akzente.

Die Gliederung des Gartens in einzelne Felder bietet sich dazu an, die Kräuter nach ihren Verwendungszwecken getrennt zu pflanzen. Ein ›Kräuterrad‹, dessen einzelne Segmente – durch ›Speichen‹ aus Ziegeln oder Stein voneinander getrennt – mit jeweils einer Varietät bepflanzt sind, ist ein Entwurf, der problemlos auf jede Gartengröße übertragen werden kann. In Stockeld Park in Wetherby in North Yorkshire, England, kann man ein schönes neueres Beispiel dieser Art betrachten.

In den klassischen Entwürfen von Kräutergärten sind die Beete oft mit Mauern eingefaßt, vielleicht, um die aromatischen ätherischen Öle einzelner Spezies besser einfangen zu können. Da einige dieser Pflanzen ihre Duftstoffe nur abgeben, wenn man sie zerdrückt, sollte man sie besser in Hochbeete pflanzen, damit man sie leichter erreichen kann – ein besonderes Vergnügen für Sehbehinderte und Rollstuhlfahrer. Geschickt plazierte Sitzplätze, von einem niedrigen Beet aus Kamille umgeben und vielleicht

ANLAGE EINES KRÄUTERRADES

Wählen Sie den größten gewünschten Durchmesser in einem Bereich Ihres Gartens, der volle Sonne hat und nicht von überhängenden Zweigen beschattet wird. Markieren Sie den Mittelpunkt mit einem Holzpflock, an dem Sie eine dicke Schnur befestigen. Binden Sie an das Ende dieser Schnur einen zweiten Holzpflock, mit dem Sie den Umkreis Ihres Rades auf dem Boden ziehen. Wählen Sie dann einen Punkt auf dieser Schnur, mit dem Sie einen kleineren Kreis ziehen, der das Mittelbeet bilden soll. Die Schnur können Sie dazu verwenden, weitere Kreise für Wege und Beete zu markieren, die dazwischen verlaufen sollen. Planen Sie Ziegel- oder Steinwege und verlegen Sie das Pflaster auf einem festen Fundament und einer Sandschicht von mindestens 7,5 cm Dicke. Die Umkreise des Rades sollten Sie genauso pflastern.

Achten Sie darauf, welche Höhe und welchen Umfang die ausgewachsenen Kräuter haben werden, um das Rad im Gleichgewicht zu halten. Sollten sich einzelne Arten zu üppig ausbreiten und das gewünschte Bild beeinträchtigen, so greifen Sie zur Schere.

Links: Den Mittelpunkt eines Kräutergartens betont gewöhnlich ein dekoratives Element wie eine Sonnenuhr, eine Armillarsphäre oder eine Skulptur. Da die meisten aromatischen Kräuter volles Sonnenlicht benötigen, bietet sich eine Sonnenuhr geradezu an.

Gegenüber: Parterres oder Teppichbeete gehören zum Repertoire eines streng gestalteten Gartens. Hier sind die akkurat mit Buxus sempervirens *gerahmten Felder mit Gamander* Teucrium chamaedris *gefüllt. Ein Dekokt von Gamander ist ein probates Stärkungsmittel.*

von berankten Bogen überwölbt, sind einladende Zufluchtsorte, an denen man die Düfte in Frieden genießen kann.

Kräutergärten sind vorzüglich geeignet, einen traditionellen Entwurf mit den eigenen Ideen zu verbinden. Leider haben die meisten Kräuter nur eine relativ kurze Lebensdauer, und das mag ein Grund dafür sein, daß nur so wenige alte Kräutergärten existieren. Im Vergleich zu Gärten mit holzigen Pflanzen sind sie vergänglich. In England kann man geometrisch gestaltete Kräutergärten in Knebworth House, Hertfordshire, sehen (er wurde nach einem Originalentwurf von Gertrude Jekyll mit miteinander verschlungenen Kreisen aus Ziegelsteinen rekonstruiert); in Wisley, Surrey (speziell für Behinderte entworfen); in Leeds Castle, Kent (The Culpeper Garden); in Sissinghurst Castle, Kent (dort gibt es auch einen schönen Thymianrasen); und im American Museum in Claverton, Avon (ein Bienenkorb in der Mitte bietet einen schönen Anblick). In den ›Royal Botanic Gardens‹ in Kew hat man den Queen's Garden mit im 17. Jahrhundert beliebten Pflanzen ausgestattet; einige davon sind mit amüsanten Zitaten aus Gerards ›Herball‹ etikettiert, die Auskunft über ihre Verwendungsmöglichkeiten geben.

In den USA sind Kräutergärten mit Pflanzen beliebt, die Shakespeare in seinen Theaterstücken und Sonetten genannt hat. Ein gepflegter Garten dieser Art, der im ›Brooklyn Botanic Garden‹ angelegt wurde, lohnt einen Besuch.

Natürlich gestaltete Kräutergärten gibt es nur wenige, obgleich in den traditionellen Cottage-Gärten Kräuter immer zwanglos in die Nähe des Hauses gepflanzt wurden. Der Charme eines Cottage-Gartens beruht nicht zuletzt auf der zufälligen Zusammenstellung der Pflanzen.

Kräutergärten sind ideale Orte für dekorative Objekte wie Bienenkörbe, schließlich werden hier viele verschiedene nektar- und pollenspendende Duftkräuter gezogen. Da Kräutergärten in voller Sonne angelegt werden sollten, bieten sich als Mittelpunkt auch Sonnenuhren und Armillarsphären an, die heute als Repliken in vielen historischen Stilen angeboten werden. Als Blickfang im Zentrum der Anlage wären aber auch alte Kupferkessel, Terrakotta- oder glasierte Urnen, Vogelbadewannen, alte Brunnenfiguren, Springbrunnen oder Skulpturenfragmente denkbar. In Sissinghurst Castle, Kent, steht in der Mitte des Kräutergartens eine flache Steinschale, gefüllt mit *Sempervivum*, das in der Hitze und mit guter Be- und Entwässerung prächtig gedeiht.

ATTRAKTIVE HEILPFLANZEN

Viele der Pflanzen, die in der traditionellen Pflanzenheilkunde oder in der orthodoxen Medizin verwendet werden, besitzen neben ihrem pharmazeutischen auch dekorativen Wert. Mit den hier aufgelisteten Spezies wird ein Heilgarten zur Augenweide. Ich würde Ihnen empfehlen, größere Gehölze wie Weißdorn, Zaubernuß, Holunder, Mönchspfeffer und Rosen als strukturierende Akzente zu wählen und dazwischen verschiedene Stauden zu setzen. Mit Hopfen, an einer Rankhilfe gezogen, kann man der Bepflanzung zusätzliche Höhe verleihen. Lassen Sie Raum für einige schnell wachsende einjährige Pflanzen, die Sie im Frühjahr direkt am Ort aussäen können, wie Schlafmohn *(Papaver somniferum)*, Steinkleekraut *(Melilotus officinalis)*, Wunderbaum *(Ricinus communis)* oder *Artemisia annua*. Bei der Aussaat in einer Rabatte achten Sie auf die Höhe der ausgewachsenen Pflanzen und staffeln Sie sie, indem Sie die niedrigsten nach vorn und die höchsten nach hinten setzen.

Achillea millefolium Schafgarbe
Diese in Europa heimische mehrjährige Pflanze mit gefiedertem Laub trägt den ganzen Sommer über flache weiße Blütenschirme. Sie wird bis zu 60 cm hoch und breitet sich stark, bisweilen unkrautartig aus. Sie gedeiht gut im Vordergrund einer Rabatte. Besonders schön ist auch die rosafarbene Varietät 'Cerise Queen'. Die Schafgarbe, die sich selbst aussät, muß eingedämmt werden.

Althaea officinalis Eibisch
Diese mehrjährige, rosa blühende Pflanze feuchter Standorte erreicht schnell eine Höhe von bis zu 120 cm. Ihre gelappten Blätter sind typisch für die Malvenfamilie. In der Kräutermedizin werden ihre Wurzeln und Blätter für entzündungshemmende Kompressen verwendet. Culpeper empfahl Eibisch auch als Heilmittel gegen Husten und Brustkrankheiten. Die Pflanze kann aus im Frühjahr ausgesäten Samen oder aus Stecklingen gezogen werden. Sie gedeiht überall, wächst aber üppiger in einem nahrhaften, feuchten Boden.

Artemisia annua Beifuß
Diese Pflanze, die zu den Korbblütlern gehört, läßt sich aus Samen ziehen, die im Frühjahr direkt im Freien ausgesät werden. Sie erreicht eine Höhe von ungefähr 60 cm, trägt reizvolle gefiederte Blätter und bringt im Spätsommer kurze Rispen mit unscheinbaren Blüten hervor. Sie ist in China jahrhundertelang zur Behandlung von Malaria verwendet worden, und mit dem aus ihr gewonnenen Artemisinin wird heute cerebrale Malaria behandelt, die gegen eine Behandlung mit synthetischen Drogen resistent ist.

Centaurium erythraea Tausendgüldenkraut
Das ist eine echte Wildblume des kalkreichen englischen Hügellandes. Sie braucht einen nährstoffarmen Kalkboden, um gut zu gedeihen. Sie wird bis zu 30 cm hoch (oft weniger) und bringt an schlanken Stielen Rispen mit rosafarbenen Blüten hervor. Dieses bittere Kraut diente in der Kräutermedizin dazu, Gicht zu lindern sowie Leberfunktion und Verdauung anzuregen.

Colchicum autumnale Herbstzeitlose
Diese Zwiebelpflanze bringt im Spätsommer und zu Beginn des Herbstes hübsche lila Blüten hervor, die an große Krokusblüten an blattlosen Stielen erinnern. Die rund 30 cm großen Blätter erscheinen im Frühjahr. Pflanzen Sie im Spätsommer in einen nahrhaften, gut durchlässigen Boden an die Vorderfront einer Rabatte. Mit Herbstzeitlosen wurde in der antiken Welt Arthritis und wird heute noch Gicht behandelt. Das aus den Herbstzeitlosen gewonnene Colchicin ist eine der Chemikalien, die in der Gen- und Krebsforschung eingesetzt werden.

Weiße Herbstzeitlose Colchicum autumnale *var.* album

Crataegus laevigata Weißdorn
Diese in Europa heimische laubabwerfende Spezies wird bis zu 7 m hoch und breit. Im späten Frühjahr bringt sie weiße Blüten und im Herbst karminrote Früchte hervor. Sie können sie als Hochstamm ziehen oder aber auch zu einer schönen Hecke schneiden, um sie für Ihre Heilpflanzenrabatte als Einfassung oder Hintergrund zu verwenden. In der Kräutermedizin hat man die Früchte zur Behandlung von Nierensteinen verwendet (schon Culpeper hat sie dafür empfohlen), und auch in der Kardiologie wurde Weißdorn eingesetzt.

Digitalis lanata Wolliger Fingerhut
Im kommerziellen Anbau steht diese Spezies an der Spitze, da sie das für die Behandlung von Herzschwäche und Herzrhythmusstörungen wichtige Digoxin enthält. Diese mehrjährige Pflanze, die zwischen 60–90 cm hoch wird, trägt im Hochsommer flaumige graue Blüten. Dekorativer und daher bekannter ist der Rote Fingerhut *Digitalis purpurea*. Er enthält Digitoxin, wird aber von der pharmazeutischen Industrie in weniger großem Umfang geerntet als der Wollige Fingerhut. Beide Arten lassen sich leicht aus Samen ziehen, der im Frühjahr im Freien ausgesät wird. *D. purpurea* bevorzugt lichten Schatten.

Dryopteris filix-mas Wurmfarn
Dieser überall in Europa beheimatete Farn ist ein wertvolles zartes grünes Element zwischen blühenden Pflanzen. Man sollte ihn als Pflanze kaufen, statt den langen Weg zu gehen und ihn aus Sporen zu ziehen. Früher wurde er als Wurmmittel verwendet.

Filipendula ulmaria Mädesüß
Diese Pflanze braucht unbedingt einen sehr feuchten Boden, um gut zu gedeihen; dann aber bezaubert sie mit ihren cremefarbenen Blütenrispen, die den leicht moschusartigen Duft blühender Wiesen ausströmen. Wenn ihr der Standort zusagt, erreicht sie eine Höhe von 45 cm. Falls Sie an Kopfschmerzen leiden, sollten Sie Mädesüß in dankbarer Erinnerung an das Jahr 1835 pflanzen, als zum ersten Mal Salicylsäure aus dieser Pflanze extrahiert wurde. Aspirin (Acetylsalicylsäure) wurde 64 Jahre später eingeführt.

Gentiana lutea Gelber Enzian
Diese starkwüchsige mehrjährige Pflanze, die in Europa heimisch ist, erreicht eine Höhe von 120–160 cm und bringt eine Rispe mit gelben, sternartigen Blüten hervor.

Wurmfarn galt als wirksames Heilmittel gegen Bandwürmer.

Sie benötigt einen feuchten Boden und Halbschatten und läßt sich leicht aus Samen ziehen. Der medizinisch interessante Teil dieser Pflanze ist ihre dicke Wurzel, die in der Kräutermedizin dazu verwendet wird, den Appetit anzuregen und das Verdauungssystem zu stärken. Culpeper empfahl sie auch gegen Schüttelfrost und Fieber.

Glycyrrhiza glabra Süßholz
Diese mehrjährige Pflanze, die zur Familie der Hülsenfrüchtler gehört, stammt aus dem Mittelmeergebiet, wo sie 90–120 cm hoch wird. Ihre reizvollen blaßblauen Blüten erscheinen im Spätsommer und Herbst. Wie beim Gelben Enzian ist der medizinische Teil der Pflanze die Wurzel, die in der traditionellen Kräutermedizin bei Verdauungsproblemen hilft. Mit der halbsynthetischen Droge Carbenoxalon, die aus ihr gewonnen wird, behandelt man Geschwüre im Verdauungstrakt.

Hamamelis virginiana Zaubernuß
Die Zaubernuß ist ein Strauch aus dem östlichen Nordamerika, der im Herbst, wenn das Laub sich leuchtend gelb färbt, süß duftende gelbe Blüten hervorbringt. Er wird 5 m

DER MYTHOS VON DER ALRAUNWURZEL

Diese Pflanze ist außergewöhnlich, sowohl in ihrem Erscheinungsbild als auch durch die Legenden, die sich um ihre medizinischen Eigenschaften ranken. Schon sie allein würden ihr einen Platz in jeder Heilpflanzenrabatte sichern.

Die Alraune *Mandragora officinarum* ist in den wärmeren Teilen Europas heimisch. Ihre Wurzeln und Früchte enthalten die starke Beruhigungsdroge Hyoscin. Im mittelalterlichen Europa entstanden eindrucksvolle Mythen um diese Wurzel, die von ihren wunderbaren schmerztötenden Eigenschaften berichten und verraten, wie man ihrer habhaft werden könne, ohne dabei den Tod zu erleiden, der doch unausweichlich schien, da die Wurzel wie der menschliche Körper geformt war: nach der Theorie der Signaturenlehre (siehe S. 18) war das nicht viel anders, als tötete man jemanden. Die Alraunwurzel, so glaubte man, schreie bei diesem Vorgang und würde sich rächen. Es wurde empfohlen, bei Nacht einen Hund an die Pflanze zu binden, der sie dann samt Wurzel herausziehen konnte, dieweil sich der Pflanzensammler die Ohren fest zuhalten sollte, um den Schrei nicht zu hören. Durch die Form der Wurzel irregeführt, glaubte man, die Pflanzen seien entweder weiblich oder männlich: in Herbarien sind oft zwei Pflanzen abgebildet, von denen die eine wie ein männlicher, die andere wie ein weiblicher Körper aussieht.

Es heißt, mit Wein aus Alraunwurzeln sei der Schwamm getränkt worden, den man Gekreuzigten reichte, um ihrem Todeskampf ein barmherziges Ende zu bereiten.

Während die Blüten der Alraune unscheinbar sind, bieten ihre Früchte vorn in der Rabatte lange einen schönen Anblick.

Die Früchte der Alraunpflanze halten sich vom Frühjahr bis zum Herbst.

hoch und breit. Die adstringierende Rinde, die schon von den Indianern Nordamerikas zur Behandlung von Hautproblemen verwendet wurde, ist auch in der Heilmittelordnung der Vereinigten Staaten anerkannt. Dieser bezaubernde Strauch benötigt einen feuchten, tiefgründigen Boden.

Humulus lupulus Hopfen
Der kletternde Hopfen, ein wesentlicher Bestandteil des Bieres, diente jahrhundertelang als schlafförderndes Mittel. Diese starkwüchsige Kletterpflanze (zu stark wuchernd für die meisten Gärten) wird am besten in ihrer goldblättrigen Varietät *Humulus lupulus* 'Aureus' gezogen, die nicht so üppig wächst und äußerst dekorativ ist, obwohl sie nur selten viele Blüten hervorbringt.

Inula helenium Alant
Dieser gelbblühende Korbblütler erreicht in einem guten feuchten Boden und im Halbschatten eine Höhe von 150 cm. Der medizinische Teil der Pflanze ist die Wurzel, die bakterizid wirkt und früher zur Behandlung von Tuberkulose verwendet wurde. Sowohl Gerard als auch Culpeper empfahlen sie als Heilmittel gegen jede Art von Husten. Alant kann leicht aus Samen gezogen werden.

Iris germanica var. *florentina* Schwertlilie, Iris
Die blühenden Schwertlilien rings um Florenz bieten oft einen wunderbaren Anblick und erinnern an die mittelalterliche Parfümindustrie, die die gemahlenen Wurzeln verarbeitete. Mit Iriswurzel behandelte man Bronchialerkrankungen, und sie war auch im Schnupftabak gebräuchlich. Die Pflanzen lieben volle Sonne. Ihre Rhizome sollten direkt an der Erdoberfläche gepflanzt und gut festgedrückt werden. Alle drei bis vier Jahre müssen die Pflanzen geteilt und wieder eingesetzt werden. Die Blütenstiele wachsen bis zu 90 cm hoch; die Blüten sind ziemlich kurzlebig.

Melilotus officinalis Steinkleekraut
Diese einjährige Pflanze, die zur Familie der Hülsenfrüchtler gehört, hat Blätter ähnlich wie Klee und bringt eine Menge gelber Blüten hervor. Im Frühjahr im Freien ausgesät, wächst sie sehr schnell und blüht zu Beginn des Hochsommers. Es ist ratsam, die Pflanzen mit kräftigen

Zweigen abzustützen, damit sie nicht umfallen. Dieses Kraut ist für jeden von Interesse, der an Thrombose leidet und blutgerinnungshemmende Mittel benötigt. Auf der Entdeckung, daß das im Heu dieser Pflanze vorkommende Dicoumarol Blutstürze beim Vieh hervorrief, beruht die Idee der blutgerinnungshemmenden Mittel.

Oenothera biennis Nachtkerze
Hierbei handelt es sich um eine amerikanische Gattung, und die genannte Spezies ist eine zweijährige Pflanze, die im zweiten Jahr eine Höhe von gut 90–100 cm erreicht. Da sie eine Fülle blaßgelber Blüten hervorbringt, die sich (am Abend) in ununterbrochener Folge vom Frühsommer bis Mitte Herbst öffnen, ist sie eine wertvolle Pflanze in einem dekorativen Heilgarten. Sie gedeiht in jedem Boden, braucht aber volle Sonne. Läßt man sie sich selbst aussäen, ist man niemals um Sämlinge verlegen, im Gegenteil. Die medizinische Substanz dieser Pflanze ist Gamma-Linolen-Säure, enthalten in dem Öl, das aus den Samen gepreßt wird. Sie ist nützlich bei der Behandlung von Ekzemen und wird auch als Nahrungszusatz verwendet, um prämenstruelle Beschwerden zu lindern. Nachdem die Nachtkerze schon lange Zeit von den Indianern Nordamerikas medizinisch genutzt wurde, hat man sie jetzt genetisch verbessert, um sie kommerziell anbauen zu können.

Papaver somniferum Schlafmohn
Dieser Mohn, der zu den schönsten einjährigen Mohnarten gehört, hat silbrig graue Blätter und schnell vergängliche ungefüllte und gefüllte Blüten in den verschiedensten Rosatönen. Auf die Blüte folgen schöne Samenkapseln, aus denen der weiße Milchsaft (Latex) gewonnen wird. Dieser wird in Morphin, Codein (oder Heroin auf dem Schwarzmarkt) verwandelt. Es gibt kein Verbot, Schlafmohn im eigenen Garten zu ziehen (im Gegensatz zu Cannabis), denn er wird selten so reif, daß man daraus die wirksame Droge gewinnen kann: weil sich die Pflanzen überaus reichlich aussäen, muß man die meisten Samenkapseln entfernen, bevor sie reif werden, um eine zu starke Ausbreitung zu vermeiden. Die getrockneten Samenkapseln lassen sich gut in Trockengestecken verarbeiten.

Podophyllum hexandrum und *Podophyllum peltatum*
Maiapfel
Diese reizvollen Stauden benötigen einen nahrhaften feuchten Boden und ein wenig Schatten. Mit ihren schönen bräunlichen Blättern und ihren großen scharlachroten

Die Samenkapseln des Schlafmohns enthalten Morphin.

Früchten, die auf die rötlichen Blüten folgen, bieten sie einen reizvollen Anblick. Setzen Sie den Maiapfel an die Vorderfront Ihrer Rabatte, da keine der beiden Arten höher als 30 cm wird. Halbsynthetische Drogen auf der Grundlage des Wurzelextraktes werden zur Behandlung von Lungen- und Nierenkrankheiten und von Hodenkrebs eingesetzt.

Primula veris Schlüsselblume
Dieser bezaubernde Frühlingsbote macht sich besonders hübsch an der Vorderfront einer Rabatte. Die Blätter wachsen im Frühjahr sehr schnell zu kleinen Rosetten heran, aus denen sich die Köpfe duftender gelber Blüten erheben. In der Kräutermedizin hat diese Pflanze bei der Behandlung von Migräne (insbesondere als Schlüsselblumenwein verabreicht) eine Rolle gespielt, und Culpeper empfahl sie gegen Akne und andere Hautausschläge. Moderne Pflanzenheilkundige behandeln Spannungskopfschmerzen noch immer mit den Blüten.

Rheum palmatum Medizinalrhabarber
Diese Pflanze, eine Verwandte des gewöhnlichen oder Gartenrhabarbers *R. rhaponticum*, stammt aus China, wo ihre Wurzeln zur Behandlung sowohl von Verstopfung als auch von Ruhr genutzt wurden. Sie ist eine wertvolle Laubpflanze, mit der sich großartige optische Wirkungen erzielen lassen. In gutem Boden kann sie leicht eine Höhe von 150 cm erreichen und bringt im Hochsommer schöne rote Blütentrauben hervor.

Ricinus communis Rizinusbaum, Wunderbaum
Diese schöne Pflanze mit ihren großen, handförmigen Blättern wird oft als Solitärpflanze gezogen; man setzt sie

Aus den Samen von Ricinus communis *wird Rizinusöl gewonnen.*

Die Apothekerrose war in Frankreich beliebt.

zum Beispiel gern in Sommerblumenbeete, um ihnen eine gewisse Höhe zu verleihen. In Gegenden mit Mittelmeerklima ist der Rizinusbaum mehrjährig; in kühleren Gebieten zieht man ihn am besten jedes Jahr neu aus Samen. In einem Jahr erreicht er leicht eine Höhe von 120 cm. Das aus den Samen gewonnene Öl, das einen sehr unangenehmen Geschmack hat, ist ein bekanntes wirksames Abführmittel. Die Samenhülle selbst (nicht das Öl) enthält das tödliche Gift Ricin, das bei einigen Morden zum Einsatz gekommen ist (auch der bulgarische Diplomat Markov wurde mit einer tödlichen Injektion aus einer Schirmspitze umgebracht). Oftmals wird diese Pflanze allein wegen ihrer grausigen Geschichte kultiviert. In viktorianischen Gärten setzte sie mit ihrer exotischen Wirkung Akzente in Beete, die mit subtropischen einjährigen Pflanzen bepflanzt waren.

Die Gattung *Rosa* Rosen

Die wichtigsten Rosenspezies, die zu Heilzwecken verwendet wurden, sind die Damascena-Rose *Rosa damascena* und die Kohlrose oder Zentifolie *R. centifolia*. Beide Rosenarten blühen nur einmal, dafür aber prachtvoll. Sie sind für die Parfümindustrie und für die Aromatherapie von Bedeutung. *R. canina*, die wilde Hundsrose, bringt scharlachrote Hagebutten hervor, die man zu Hagebuttenmark verarbeitet, das reich an Vitamin C ist. Die Hundsrose wird wegen ihrer kurzen Blütezeit aber nur selten in Gärten gepflanzt (naturnahe Gärten ausgenommen). *R. gallica* diente zur Herstellung eines adstringierenden Rosenwassers, während *R. gallica* 'Officinalis' unter dem Namen ›Apothekerrose‹ in die Pharmaziegeschichte einging, da sie in der französischen Volksmedizin in großem Umfang gegen Halsschmerzen und Durchfall Verwendung fand. *R. gallica* 'Officinalis' hat etwas grellrote und weiße Blüten, die an die Beilegung der mittelalterlichen Rosenkriege erinnern sollen und deshalb ein Symbol des Friedens sind. Alle diese Rosen brauchen volle Sonne.

Sambucus nigra Schwarzer Holunder

Holunder kann eine Höhe von 8 m erreichen. Häufiger sieht man ihn aber als Hecke von ungefähr 4–5 m Höhe. Er ist bekannt wegen seiner stark duftenden, flachen, cremeweißen Blütenköpfe, die im Frühsommer erscheinen und zu Sirup, Wein oder ›Holundersekt‹ verarbeitet werden

DIE PFLANZLICHE HERKUNFT EINIGER WICHTIGER MODERNER DROGEN

Es gibt eine Reihe wichtiger Drogen, die aus Pflanzen gewonnen werden. In einigen Fällen wird der Wirkstoff der Pflanze direkt verwendet (Artemisinin, Digoxin, Vincristin, Atropin und Morphin); bei anderen liefert der Pflanzenwirkstoff die Grundlage, auf der eine halbsynthetische Droge entwickelt wird (Etopozid). In einigen Fällen hat die Entdeckung des Wirkstoffs zur Entwicklung einer synthetischen Droge geführt (empfängnisverhütende Steroide werden heute eher synthetisch hergestellt, als aus Yamswurzeln extrahiert). Chemiker haben auch kopiert, wie die sekundären Bestandteile einer Pflanze arbeiten, und sie haben eine verläßlichere synthetische Droge entwickelt (Dicoumarol). Biochemikern gelingt es heute auch mit größerem Erfolg, Planzenbestandteile zu isolieren.

Digitalis lanata *wird zur Digoxin-Erzeugung angebaut.*

Droge	Medizinische Verwendung	Pflanzliche Quelle
Acetylsalicylsäure	als Schmerzmittel	*Filipendula ulmaria* Mädesüß
Amiodaron	gegen unregelmäßigen Herzschlag	*Ammi visnaga* Zahnstocherkraut
Artemisinin	gegen Malaria	*Artemisia annua* Beifuß
Atropin	zur Stimulierung des Herzens während einer Attacke	*Atropa bella-donna* Tollkirsche
Carbenoxalon	gegen Magengeschwüre	*Glycyrrhiza glabra* Süßholz
Chinidin	gegen unregelmäßigen Herzschlag	*Cinchona* sp. Chinarindenbaum
Chinin	gegen Malaria und Muskelkrämpfe	*Cinchona* sp. Chinarindenbaum
Cocain	als Schmerzmittel	*Erythroxylum coca* Kokastrauch
Codein	als Schmerzmittel	*Papaver somniferum* Schlafmohn
Colchicin	gegen Gicht	*Colchicum autumnale* Herbstzeitlose
Dicoumarol	als blutgerinnungshemmendes Mittel zur Verhinderung von Thrombose	*Melilotus officinalis* Steinkleekraut
Digoxin	zur Kräftigung und Normalisierung des Herzschlags	*Digitalis lanata* Wolliger Fingerhut
Etoposid	gegen verschiedene Krebsarten	*Podophyllum hexandrum* Maiapfel
Gamma-Linolen-Säure	gegen Ekzeme	*Oenothera biennis* Nachtkerze
Hyoscin und Hyoscyamin	zur Entspannung vor einer größeren Anästhesie; gegen Reisekrankheit	*Mandragora officinarum* Alraunwurzel; im Handel aus *Duboisia myoporoides*
Lignocain	als lokales Anästhetikum	*Hordeum vulgare* Saatgerste
Methoxalen	gegen Hautkrebs, Psoriasis, Vitiligo	*Ammi majus* Knorpelmöhre
Morphin	als besonders wirksames Schmerzmittel	*Papaver somniferum* Schlafmohn
Nifedipin	gegen Angina und Bluthochdruck	*Ammi visnaga* Zahnstocherkraut
Physostigmin	gegen Lähmungen bei Myasthenia gravis; gegen Glaukom	*Physostigma venenosum*
Pilocarpin	gegen Glaukom	*Pilocarpus microphyllus* Chinarindenbaum
Salicin	als Schmerzmittel und Antirheumatikum	*Salix* sp. Weide
Steroide (einschließlich Kontraceptiva)	entzündungshemmend und empfängnisverhütend	*Agave sisalana* Sisalagave und *Dioscorea* sp. Yamswurzel
Theophyllin	zur Reduzierung übermäßiger Blutbildung nach Nierentransplantation; als Diuretikum	*Camellia sinensis* Tee
Tubocurarin	als Muskelrelaxans	*Chondrodendron tomentosum* Curare
Vincristin und Vinblastin	gegen Leukämie und Morbus Hodgkin	*Catharanthus roseus* Madagaskar-Immergrün

können. Holunderwasser wurde einstmals in der englischen Arzneimittelordnung als Grundlage für Haut- und Augenlotionen aufgeführt. Es wurde auch von Culpeper empfohlen, der darüber hinaus Holunderwurzeln als Abführmittel erwähnte. Die Blüten dienen in der modernen Kräutermedizin als fiebersenkendes Mittel. Holunder benötigt einen feuchten Boden; er ist eine geeignete Pflanze für den naturnahen Garten, wo seine Tendenz, sich reichlich auszusäen und Früchte für die Vögel bereitzuhalten, willkommen ist. Wenn Sie Holunder in eine Rabatte pflanzen, müssen Sie seiner Fruchtbarkeit Grenzen setzen.

Scutellaria lateriflorus Helmkraut
Von dieser (und anderen Spezies) glaubte man nach der Signaturenlehre (siehe Seite 18) lange Zeit, sie sei wirkungsvoll gegen Kopfkrankheiten; heute wird sie in der Kräutermedizin aber bei nervöser Erschöpfung verabreicht. Diese Spezies erreicht eine Höhe von 60–90 cm und benötigt einen feuchten Boden. Ihre blauen Blüten sind helmförmig wie mittelalterliche Kappen.

Symphytum officinale Beinwell
Diese Pflanze sollte nur in einem wilden Garten wachsen, wo sie sich nach Herzenslust ausbreiten kann, ohne ein lästiges Unkraut zu werden. Sie erreicht eine Höhe von 60–90 cm und trägt behaarte Blätter und überhängende Blütenzweige mit cremefarbenen und purpurgetönten Blüten. Lange Zeit als ›knitbone‹ (Knochenverbinder) geschätzt, verwendete Culpeper sie als Dunstumschlag bei Quetschungen und Brüchen. Das im Beinwell enthaltene Allantoin ist noch heute Bestandteil von Salben. In Australien unterliegt die Kultivierung und medizinische Verwendung von Beinwell einer strengen Gesetzgebung.

Tanacetum parthenium (Chrysanthemum parthenium)
Mutterkraut
Diese Pflanze, die zur Familie der Korbblütler gehört, wird ungefähr 90 cm hoch und bringt vom Frühsommer an eine Vielzahl kleiner weißer Blüten hervor. Mit der goldblättrigen Varietät kann man einer Rabatte zusätzlich Farbe verleihen, und es gibt auch noch eine sehr dekorative Form mit gefüllten Blüten. Mutterkraut galt als fiebersenkendes Mittel, und Culpeper wie Gerard empfahlen es als Antidepressivum. Heute lassen sich damit die Blutgefäße bei Migräneanfällen erweitern, und im Chelsea Physic Garden hat man – unterstützt von Geldern des ›Migraine Trust‹ – verschiedene Formen in Versuchen getestet. Mutterkraut sollte man möglichst nicht frisch zu sich nehmen (es besteht Gefahr von Mundgeschwüren) und in der Schwangerschaft ganz darauf verzichten. Die Pflanze läßt sich leicht aus Samen ziehen und breitet sich selbst aus, wenn die überschüssigen Sämlinge nicht gejätet werden.

Valeriana officinalis Baldrian
Der medizinische Echte Baldrian ist eine mehrjährige Pflanze, die in den gemäßigten Klimazonen Europas und Nordamerikas gedeiht, wo sie eine Höhe von 120 cm erreicht. Ihre weißen Blüten sind rosa angehaucht – im Gegensatz zum Roten Baldrian oder der Spornblume *Centranthus ruber*, die keinerlei medizinischen Wert hat. Die Heilkraft dieser Pflanze ist in den Wurzeln verborgen, die eine sedative Wirkung haben. Baldrian entwickelt sich nur langsam aus Samen; kaufen Sie daher lieber Container-Pflanzen. Wenn Sie Katzen haben, sollten Sie entweder ganz auf Baldrian verzichten oder von vornherein genug davon anschaffen, daß Sie es verschmerzen können, wenn Ihre Lieblinge wie besessen darin herumtoben.

Veratrum viride Germer
Diese Pflanze, auch Grüner Nieswurz genannt, gehört beileibe nicht zur *Helleborus*-Familie. Mit ihren eleganten gefalteten Blättern ist sie ein stattliches Mitglied der Lilienfamilie. Im Hochsommer erreicht ihre gelbliche Blütenrispe eine Höhe von 2 m, vorausgesetzt sie wurde im vorangegangenen Herbst in einen nahrhaften Boden gepflanzt. Die jungen Pflanzen benötigen Halbschatten, da sonst die heiße Mittagssonne ihre Blätter verbrennt. Der medizinische Teil der Pflanze ist die schwarze Wurzel, die Alkaloide enthält, die früher zur Behandlung von Bluthochdruck verwendet worden sind.

Verbena officinalis Eisenkraut
Eisenkraut ist eine einjährige Pflanze, die in ganz Europa vorkommt; sie wächst bis zu einer Größe von 100 cm und trägt kleine purpurfarbene Blüten. Wie die meisten Spezies mit der Artenbezeichnung ›officinale‹ war es ein Kraut, das in Apotheken für medizinische Zwecke verkauft wurde. Lange Zeit stand es im Ruf, mit Hexerei verknüpft zu sein, doch Gerard hat diesen Verdacht zerstreut. Culpeper empfahl Eisenkraut für Bauch- und für Verdauungsprobleme, und in der modernen Kräutermedizin dient es als Stärkungsmittel. Eisenkraut läßt sich in jedem Boden leicht aus Samen ziehen, bevorzugt aber einen sonnigen Standort.

Viola odorata Duftveilchen
Diese kleine mehrjährige Pflanze eignet sich gut für die Vorderfront einer schattigen Rabatte mit humusreichem Boden, wo sie sich durch Ausläufer ausbreitet. Zu Beginn des Frühjahrs bringt sie süß duftende Blüten hervor, die bei der Art purpurfarben und bei der Sorte 'Alba' weiß sind. Schon seit der Zeit Gerards und Culpepers wird sie in der Pflanzenheilkunde zur Behandlung von Entzündungen verwendet. Sie enthält Methylsalicylsäure, die dem Wirkstoff des Aspirin entspricht.

Viola tricolor Stiefmütterchen
Diese schöne, üppig blühende einjährige Pflanze gedeiht gut an einem sonnigen Platz in der Vorderfront einer Rabatte. Die Blüten sind purpurfarben, weiß und gelb, und so klein sie sind, erscheinen sie doch unermüdlich den ganzen Sommer über. In der klassischen Kräuterkunde ist aus den Blüten ein herzstärkendes Mittel zubereitet worden, da nach der Theorie der Signaturenlehre (siehe Seite 18) die beiden oberen Blütenblätter an die oberen Herzlappen erinnern.

Viola odorata *hat seinen Platz in der Pflanzenheilkunde behauptet.*

Vitex agnus-castus Mönchspfeffer
Dieser laubabwerfende Strauch aus dem Mittelmeergebiet kann nur in sehr warmen Gärten und möglichst an einer schützenden Mauer gezogen werden. Er bekommt sehr spät Blätter, häufig erst zu Beginn des Sommers, und er bringt im Spätsommer oder erst zu Beginn des Herbstes blaßviolette Blütenrispen hervor. Nur in sehr warmen Gegenden setzt er Beeren an, die erst mitten im Herbst reifen. *Vitex* wird in der modernen Naturheilkunde dazu benutzt, die Hypophyse positiv zu beeinflussen und prämenstruelle Spannungsschmerzen, Probleme mit der Menopause und hormonelle Schwankungen zu lindern.

Heilpflanzen, die nur im Haus oder Gewächshaus gezogen werden können

Camellia sinensis Tee
Teepflanzen gibt es manchmal als Gewächshauspflanzen zu kaufen. Wie die meisten frostempfindlichen Kamelien benötigen sie etwas Wärme. Sorgen Sie für einen frostfreien, leicht schattigen Standort mit nahrhaftem Boden, der die Feuchtigkeit hält, und Sie werden mit kleinen weißen Blüten voller goldener Staubgefäße belohnt. Das im Tee enthaltene Theophyllin hilft Patienten mit transplantierten Nieren.

Capsicum frutescens Cayennepfeffer
Diese Pflanzen, die gut auf einem sonnigen Fensterbrett gedeihen, können in der Mitte des Frühjahrs aus Samen gezogen werden. Die Pflanze wächst zu einem kleinen Busch heran, vor allem wenn die Seitentriebe regelmäßig entfernt (entgeizt) werden, und bringt weiße Blüten hervor, die von großen Früchten abgelöst werden. Die reifen, leuchtendroten Schoten können kleingeschnitten und in mexikanischen Gerichten verwendet werden. In der modernen Pflanzenheilkunde fördert Cayennepfeffer die Blutzirkulation.

Carica papaya Papaya
Es macht Spaß, sich aus den kugeligen kleinen Samen im Topf eine Pflanze zu ziehen, die reizvolle handförmige Blätter hervorbringt. Es ist aber unwahrscheinlich, daß sie Früchte trägt; damit ist nur im Gewächshaus zu rechnen. Die Frucht enthält das Verdauungsenzym Papain, das bei einem empfindlichen verdorbenen Magen eine rasche Wirkung entfaltet. Papaya ist unübertroffen zum Frühstück, wenn man am Abend zuvor ein zu üppiges Mahl genossen hat.

Cassia senna Alexandriner Senna
Dieser strauchige Baum kann aus Samen gezogen werden, vorausgesetzt, man weicht sie 24 Stunden vor der Aussaat in heißem Wasser ein. Er gehört zur Familie der Hülsenfrüchtler und bringt sogar schon als junge Pflanze gelbe

Blüten hervor. Sie reifen zu Samenkapseln, die als Abführmittel dienen.

Catharanthus roseus Madagaskar-Immergrün
Dieses Immergrün wird oft als Topfpflanze mit rosa Blüten oder als Varietäten 'Alba' (mit großen weißen Blüten) oder 'Ocellata' (mit weißen Blüten mit rosa Auge) angeboten. Man kann sie auch aus Samen ziehen. Sie blüht das ganze Jahr über, wenn auch die Blüten im Winter kleiner ausfallen. Es empfiehlt sich, im Frühjahr neue Pflanzen aus Stecklingen zu ziehen, da die überwinterten lang und schmächtig werden und ihnen ein Rückschnitt nicht gut bekommt. Die Alkaloide, die man aus dieser schönen Pflanze gewinnt, haben wahrscheinlich schon Tausenden von Kindern geholfen, die an Leukämie leiden.

Gelsemium sempervirens Falscher Jasmin
Diese immergrüne Kletterpflanze aus den südlichen USA muß in einem warmen Gewächshaus und möglichst in einem Beet mit nahrhaftem Boden gezogen werden. Im Frühjahr bringt sie gelbe Blüten hervor. Die Wurzel wird in der Homöopathie als Heilmittel gebraucht, und auch Migräne und Neuralgien wurden damit behandelt.

Quassia amara Quassia
Diesen tropischen amerikanischen Baum kann man gelegentlich als Gewächshauspflanze erstehen, da er sogar als junger Steckling blüht. Seine Blätter mit den geflügelten Stielen und roten Mittelrippen sehen ungewöhnlich aus, und seine Blüten sind scharlachrot. Quassia gedeiht nur in einem warmen Gewächshaus, und sie braucht einen nahrhaften Boden. Die bittere Rinde wird als Stärkungsmittel und zusammen mit der Wurzel zur Behandlung von Ruhr verwendet.

Zingiber officinale Ingwer
Ingwer kann als Blattpflanze im Topf aus Rhizomen gezogen werden, vorausgesetzt, man pflanzt sie, wenn sie dick und frisch sind. Sie brauchen einen nahrhaften Boden und ein warmes Fensterbrett, wo sie dünne belaubte Triebe hervorbringen, die einen Duft ausströmen, sobald man sie zwischen den Fingern zerdrückt. Hoffen Sie nicht auf Blüten, da lange Perioden der vegetativen Vermehrung die Blühfähigkeit der Pflanze eingeschränkt zu haben scheinen. Ingwer hat sich als sehr wirkungsvoll gegen Reisekrankheit und die morgendliche Übelkeit während der Schwangerschaft erwiesen.

DIE BACH-BLÜTEN-THERAPIE

Der englische Arzt Edward Bach (1886–1936) entwickelte ein Arzneiensystem, das auf 37 *Wild*pflanzen basiert, aus denen er mittels Aufgüssen oder Absuden Tinkturen zubereitete. Seine Absicht war es, die Psyche des Menschen zu stärken, denn er ging davon aus, daß seelische Probleme das Immunsystem schwächen. So fortschrittlich dieser Ansatz ist – die Frage nach der Wirkung des Geistes auf den Körper –, so mittelalterlich sind die Auswahlkriterien der Pflanzen: Rückgreifend auf die Signaturenlehre nimmt Bach an, daß die äußere Erscheinung oder der Habitus einer Pflanze einen Hinweis darauf gebe, welche Krankheit sie heilen könne.

Clematis vitalba *heilt Träumer.*

Botanischer Name	Deutscher Name	Zur Behandlung von
Aesculus × carnea	Roßkastanie	Angst um andere
Aesculus hippocastanum	Gemeine Roßkastanie	Sorgen bei rastlosem Geist
Aesculus hippocastanum (Knospe)	Gemeine Roßkastanie	Langsamkeit im Lernen
Agrimonia eupatoria	Kleiner Odermennig	Sorge, die hinter einer fröhlichen Fassade verborgen wird
Bromus ramosus	Trespe	Ziellosigkeit
Calluna vulgaris	Besenheide, Heidekraut	Angst vor dem Alleinsein bei ganz mit sich selbst beschäftigten Menschen
Carpinus betulus	Hain-, Weißbuche	Angst vor mangelnden Kräften bei den täglichen Pflichten
Castanea sativa	Eßkastanie	Leiden bei Erschöpfung
Centaurium umbellatum	Tausendgüldenkraut	für alle, die den Forderungen anderer zu sehr nachgeben
Ceratostigma willmottianum	Bleiwurz	mangelnde Entschlußkraft
Cichorium intybus	Zichorie, Wegwarte	Willen zur Dominanz bei Menschen, die anderen gegenüber allzu kritisch sind
Clematis vitalba	Waldrebe	für Menschen, die nicht in der Gegenwart verwurzelt sind und sich in Träumen verlieren
Fagus sylvatica	Rotbuche	Intoleranz
Gentiana amarella *	Enzian	Selbstzweifel
Helianthemum nummularium	Sonnenröschen	starke Angstgefühle
Hottonia palustris	Wasserfeder	Verschlossenheit, allzu großes Selbstvertrauen
Ilex aquifolium	Stechpalme	Eifersucht, Neid, Rachegelüste
Impatiens glandulifera	Springkraut	Reizbarkeit, Ungeduld
Juglans regia	Walnuß	für diejenigen, die sich von anderen von ihren Lebenszielen ablenken lassen
Larix decidua	Lärche	mangelndes Selbstvertrauen und die Angst, zu versagen
Lonicera caprifolium	Geißblatt	für diejenigen, die zu sehr auf vergangenes Glück zurückblicken
Malus pumila	Holzapfel	für diejenigen, die sich unrein vorkommen
Mimulus guttatus	Gauklerblume	Phobien
Olea europaea	Ölbaum	Niedergeschlagenheit
Ornithogalum umbellatum	Stern von Bethlehem	Schock
Pinus sylvestris	Gemeine Kiefer	Selbstvorwürfe
Populus tremula	Zitterpappel	Ängste mit unbekannter Ursache
Prunus cerasifera	Kirschpflaume	Angst vor Wahnsinn oder Vergreisung
Quercus robur	Stieleiche	Depression bei denen, die mutig kämpfen
Rosa canina	Hundsrose	Apathie
Salix alba var. *vitellina*	Dotterweide	Bitterkeit, Ressentiment
Scleranthus annuus	Knäuel	Unentschlossenheit, Ratlosigkeit
Sinapis arvensis	Senf	tiefe, unerklärliche Depression
Ulex europaeus	Stechginster	Verzweiflung
Ulmus procera	Englische Ulme	für diejenigen, die sich von Verantwortung überlastet fühlen
Verbena officinalis	Eisenkraut	Neigung energischer Menschen zu fixen Ideen
Vitis vinifera	Rebe	Dominanz, übertriebener Wille zur Beeinflussung

*Es ist nicht sicher, welche Spezies Bach meinte.

Für weitere Informationen wende man sich an das Dr. Edward Bach Centre, Mount Vernon, Sotwell, Wallingford, Oxon OX10 OPZ, England.

3. KAPITEL

DIE SINNE WECKEN

Intensiver wahrnehmen

Pflanzen bringen uns Freude und können über unsere fünf Sinne zur Genesung beitragen – sowohl direkt organisch als auch indirekt über Erinnerungen und Stimmungen. Kräuter verstärken Freude und Lust am Geschmack eines guten Essens und bereiten zusätzliches Vergnügen, wenn man sie selbst im Garten gezogen hat. Ein gelungenes Farbspiel im Garten verlangt Können, vor allem weil die Planung auch die vierte Dimension, die Zeit, berücksichtigen muß. Gelingt die Farbgestaltung, so kann der Garten entspannende und therapeutisch wirksame Stimmungen auslösen. Ebenso wohltuend sind die Klänge, die uns im Garten umgeben. Düfte wiederum stimulieren die Erinnerung, und sie können bewußt eingesetzt werden, um glückliche Zeiten wachzurufen, in denen man sich gut fühlte. Ein individuell gestalteter Duftgarten, der auch die Erkenntnisse der Aromatherapie einbezieht, wirkt lindernd auf Körper und Geist. Es gibt auch Pflanzen, die sich besonders angenehm anfühlen, oder solche, deren Texturen an sich eine Freude und Überraschung sind. Wir müssen nur immer bereit sein, den Garten mit allen Sinnen bewußt wahrzunehmen.

Nachts ist der betörende Duft von Lilium regale, *einer chinesischen Spezies, besonders intensiv.*

PFLANZEN, DIE UNSERE SINNE ANSPRECHEN

Hier sind Pflanzen aufgeführt, die Wohnräume und Gärten mit Duft erfüllen, Speisen bereichern, mit den Geräuschen ihrer vom Wind bewegten Blätter beruhigen und mit ihren schönen Texturen und Farben erfreuen.

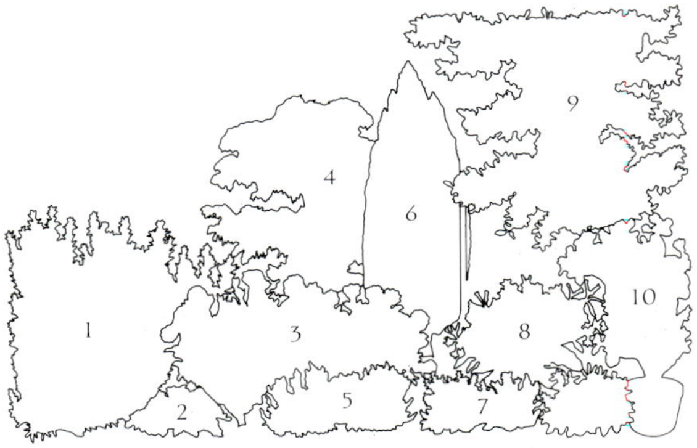

1. *Rosmarinus officinalis* produziert ein belebendes Öl, das in großem Umfang in der Aromatherapie und auch in der Küche verwendet wird. Der frostempfindliche Strauch verlangt einen sehr geschützten Standort.
2. Es ist eine Freude für die Nase, wenn die nach Pfefferminz duftende *Pelargonium tomentosum* bei Berührung der Blätter ihren Duft verströmt. Sie muß unbedingt vor Frost geschützt werden.
3. *Rosa centifolia* ist eine der Spezies, aus der das im Rosenwasser und in der Aromatherapie verwendete Rosenöl gewonnen wird. Pflanzen Sie sie im Winter in einen fruchtbaren Boden.
4. Der 'Southern blue gum' *Eucalyptus globosus* ist die wichtigste Spezies zur Erzeugung des schleimlösenden Eukalyptusöls. In unseren Breiten gedeiht sie nur an sehr geschützten Standorten. Um sie buschig zu halten, sollte man sie im Frühjahr kräftig zurückschneiden.
5. Lavendel wird von der Spezies *Lavandula angustifolia* geerntet, die keinen Kampfer enthält. Lavendel wirkt entspannend und hilft gegen Kopfschmerzen. Die Pflanze verträgt einen kargen Boden, braucht aber viel Sonne.
6. Aus dem Wacholder *Juniperus communis* wird ein Öl gewonnen, das in der Aromatherapie verwendet wird, während seine Beeren Gin ein würziges Aroma verleihen. Diese widerstandsfähige Konifere, die volle Sonne benötigt, sollte zu Beginn des Herbstes gepflanzt werden.
7. Basilikum *Ocimum basilicum* ist nicht nur das ideale Kraut in Kombination mit Tomaten und in provençalischen Gerichten, sondern auch eine wesentliche Zutat im Pesto (siehe Seite 76). Es ist sehr frostempfindlich und muß jährlich aus Samen gezogen werden.
8. Der Ziertabak *Nicotiana alata* entläßt seinen Duft nur am Abend. Ziehen Sie ihn aus Samen, den Sie im Frühjahr aussäen.
9. Das Geißblatt *Lonicera japonica* 'Halliana' zählt zu den duftendsten Sorten dieser Gattung.
10. Der arabische Jasmin *(Jasminum sambac)* wird zur Aromatisierung des Jasmintees verwendet. Er ist auch eine äußerst dekorative Topfpflanze, insbesondere die gefüllte Form 'Duke of Tuscany'.

DIE WICHTIGSTEN KÜCHENKRÄUTER

In der Küche dienen Kräuter dazu, die natürlichen Aromen der Nahrungsmittel zur Geltung zu bringen, sie zu verstärken oder sie auch zu ergänzen. Man verwendet meist konventionell bestimmte Kräuter in bestimmten Gerichten, mitunter auch, um die Verdauung zu unterstützen; einige Kräuter sind eng mit nationalen oder regionalen Kochgewohnheiten verbunden. Gehen Sie doch einmal ganz ungebunden an die Kunst des Würzens heran, um Ihre Geschmacksnerven ein wenig aufzurütteln. Als Garnierung erhöhen Kräuter auch den optischen Reiz.

Angelika *Angelica archangelica*
Die kandierten jungen Stiele sind eine ideale Kuchendekoration. Wurzeln und Stiele werden gekocht.

Dieses zweijährige Kraut bevorzugt lichten Schatten. Nach der Aussaat im Spätsommer müssen die Sämlinge in einem Abstand von 15 cm ausgedünnt werden.

Anis *Pimpinella anisum*
Verwenden Sie Anisblätter in Salaten, Obstsalaten und in Schellfischgerichten, wenn Sie ein zarteres Aroma als das der Samen wünschen. Anissamen sind ein schmackhaftes Küchengewürz.

Säen Sie die Samen im Freien aus, sobald keine Frostgefahr mehr besteht. Pikieren Sie die Sämlinge in einem Abstand von 15 cm und pflücken und trocknen Sie die Samenköpfe im Herbst.

Basilikum *Ocimum basilicum*
Basilikum ist *das* Gewürzkraut der mediterranen Küche. Besonders gut schmeckt es zu Tomaten.

Säen Sie die Samen in der Mitte des Frühjahrs unter Glas aus und warten Sie mit dem Auspflanzen, bis die Frostgefahr vorbei ist. Achten Sie dar-

Kandiert, werden die leuchtendgrünen Stiele von Angelika zur reizvollen Kuchendekoration.

Lorbeer ist reich an Laub.

Borretschblüten verblassen zu Rosa.

Schnittlauch gedeiht üppig.

auf, daß die Komposterde immer gut durchlässig ist.

Ocimum basilicum 'Minimum'
Wie vormals Basilikum ziehen und verwenden. Busch- oder Zwergbasilikum läßt sich wegen seines buschigen Wuchses gut im Topf ziehen.

Bohnenkraut *Satureja hortensis*
Bohnenkraut paßt zu Fleisch-, Eier- oder Fischgerichten, aber auch zu Suppen, Bohnengerichten, Eintöpfen und Aufläufen.

Aussaat im späten Frühjahr oder Frühsommer.

Borretsch *Borago officinalis*
Junge Borretschblätter können in Salate gehackt werden. Verwenden Sie die Blüten als Dekoration in Früchtepunsch, wo sie ihre blaue Farbe verlieren und einen Rosaton annehmen.

Aussaat im Frühjahr an einem sonnigen Platz mit kargem Boden.

Dill *Anethum graveolens*
Gehackter Dill paßt vorzüglich zu Fisch und in Salate. Mit den Samen werden im allgemeinen sauer eingelegte Gurken gewürzt.

Aussaat laufend vom Frühjahr bis zum Hochsommer. Damit Dill voll ausreifen kann, muß er in einen nahrhaften, feuchten Boden in volle Sonne gepflanzt werden.

Estragon *Artemisia dracunculus*
Estragon schmeckt gut in Fisch- und Geflügelgerichten. Verwenden Sie ihn auch zum Würzen von Saucen und Essigen.

Säen Sie den Samen zu Beginn des Frühjahrs unter Glas aus. Wenn die Frostgefahr vorüber ist, pflanzen Sie die Sämlinge aus. Später vermehren Sie sie durch Stecklinge. Im Winter werden die Pflanzen zurückgeschnitten und mit einer Mulchdecke versorgt.

Fenchel *Foeniculum vulgare*
Verwenden Sie Fenchel in Fischsaucen oder als Garnierung. Die Samen können in Brotteig geknetet werden, und ein Teelöffel Samen zerkaut regt die Verdauung an.

Foeniculum vulgare var. *dulce* Die knollenartig verdickten Stengelblasen des Florentiner Fenchels können als Gemüse gekocht oder in Salate gehackt werden. Diese Pflanze reift nur in sehr warmen Gärten.

Kapuzinerkresse *Tropaeolum majus*
Das pfeffrige Aroma von Kapuzinerkresseblättern kommt gut in Salaten zur Geltung, denen man mit den Blüten noch zusätzlichen Reiz verleiht. Aussaat im Frühsommer an einem sonnigen Platz mit kargem Boden.

Kerbel *Anthriscus cerefolium*
Gehackte Kerbelblätter bereichern Salate, Suppen und Saucen. Einge-

bürgert hat sich seine Verwendung in Eiergerichten und zur Garnierung von Gemüsen.

Aussaat im Lauf des Frühjahrs und Frühsommers in einen gut durchlässigen Boden im Halbschatten.

Koriander *Coriandrum sativum*
Verwenden Sie Korianderblätter in Currygerichten und grünen Salaten. Der Samen ist Bestandteil des Currypulvers und ist für Gemüse wie Blumenkohl geeignet. Gemahlener Koriander schmeckt gut in Plätzchen und Kuchen.

Um immer wieder Blätter ernten zu können, säen Sie die Koriandersamen laufend vom Frühjahr bis Anfang des Sommers in einen leichten Boden aus. Damit der Samen ausreifen kann, lassen Sie die ersten Aussaaten am besten stehen.

Kapuzinerkresseblüten haben einen angenehm pfeffrigen Geschmack.

Kreuzkümmel *Cuminum cyminum*
Verwenden Sie Kreuzkümmel in Eintöpfen, Suppen und Currygerichten sowie zum Würzen von Plätzchen und Kuchen. Kreuzkümmel wird in großem Umfang in der indischen, mexikanischen und libanesischen Küche, aber auch gelegentlich in der Confiserie verarbeitet.

Fenchel wirkt duftig-zart.

Säen Sie die Samen im Frühsommer in einen nahrhaften Boden in voller Sonne aus. Warten Sie mit der Ernte, bis die Pflanzen verdorrt sind, und trocknen Sie die ›Früchte‹ im Haus.

Kümmel *Carum carvi*
Kümmel ist häufig in Schweinefleisch- oder Kohlgerichten anzutreffen, und auch als Brotgewürz ist er beliebt (was zum Würzen dient, sind übrigens die Früchte, nicht die Samen).

Säen Sie Kümmel im Frühsommer in einen leichten Boden in voller Sonne aus. Erntereif sind die Kapseln im Herbst. Trocknen Sie den Kümmel im Haus, und lassen Sie ihn ein gutes Jahr reifen, bevor Sie ihn als Gewürz oder Arznei verwenden.

Liebstöckl *Levisticum officinale*
Geben Sie Liebstöcklblätter in Suppen und Eintöpfe, oder verwenden Sie seine jungen Stiele als gekochtes Gemüse. Versuchen Sie die Blätter in Salaten und Omelettes, um ihnen einmal ein ganz neues Aroma zu verleihen.

Aussaat im Spätsommer. Vermehren Sie danach die Pflanzen durch Teilung. Liebstöckl braucht viel Platz.

Lorbeer *Laurus nobilis*
Geben Sie Lorbeerblätter in Suppen und Eintöpfe und zum Fond, in dem Sie Fisch pochieren.

Setzen Sie eine junge Pflanze an einen sonnigen, geschützten Standort und vermehren Sie sie durch Stecklinge.

Majoran *Origanum majorana*
Majoran ist ideal für Fleischgerichte.

Säen Sie die Samen zu Beginn des Frühjahrs unter Glas aus und pflanzen Sie sie im Spätfrühjahr ins Freie.

Origanum onites Mit diesem Suppenmajoran (auch Spanischer Hopfen) werden Bratkartoffeln zur Delikatesse. Säen Sie die Samen im Frühjahr in gut durchlässigen, nahrhaften Boden.

Minze *Mentha piperita* (Pfefferminze); *M. spicata* (Grüne Minze); *M. suaveolens* (Apfelminze)
In England bereitet man aus Minze eine Sauce zu, die zu Lammgerichten, Erbsen und Kartoffeln serviert wird, aber auch zu anderen Gemüsen paßt.

Pflanzen Sie alle Varietäten allein oder in einem bis zur Hälfte versenkten Behälter ohne Boden in feuchte Erde in den Halbschatten (da alle Minzen stark wuchern, müssen sie eingedämmt werden).

Origano, Wilder Majoran *Origanum vulgare*
Dieses Kraut hat ein stärkeres Aroma als die anderen *Origanum*-Varietäten. Es eignet sich gut zum Trocknen und ist ein wertvolles Gewürz für alle mediterranen Gerichte.

Die Samen sollten im Frühjahr ausgesät werden.

Petersilie *Petroselinum crispum*
Verwenden Sie Petersilie in grünen Salaten, Saucen und vor allem in Fischgerichten.

Aussaat im Frühjahr direkt ins Beet. Dünnen Sie die Sämlinge aus, und versuchen Sie nicht, sie umzupflanzen. Halten Sie die Petersilie gut feucht.

Rosmarin *Rosmarinus officinalis*
Rosmarin ist unverzichtbar zu Lammgerichten, paßt aber ebenso gut zu Schweinefleisch und Fisch. Probieren Sie sein Aroma auch in Fruchtdesserts oder Glühwein.

Rosmarin bevorzugt karge Böden in voller Sonne. Vermehren Sie die Pflanze durch Stecklinge, die Sie im Spätsommer schneiden. Im Winter braucht Rosmarin ausreichenden Schutz vor Frost und vor allem vor kalten, austrocknenden Winden. Sicherer sind Topfkulturen, die man drinnen überwintern kann.

Salbei *Salvia officinalis*
Verwenden Sie Salbei in Zwiebelfüllungen zu gebratenem oder geschmortem Fleisch, in Erbsensuppen und in Fruchtgetränken.

Säen Sie den Samen im Frühjahr unter Glas aus. Pflanzen Sie die Sämlinge an einem sonnigen Platz in einen gut durchlässigen Boden aus.

Schnittlauch *Allium schoenoprasum*
Hacken Sie Schnittlauch in Salate, Omelettes und Suppen. Vermischen Sie ihn mit Crème fraîche als Beigabe zu Gemüse und Fleisch.

Die Samen werden im Frühjahr ausgesät. Regelmäßige Teilungen alle paar Jahre im Frühjahr fördern das Wachstum.

Süßdolde *Myrrhis odorata*
Süßdolde eignet sich zum Süßen des Obstbelags Ihres Obstkuchens und ist in Omelettes, Salaten und Obstsalaten eine gute Alternative zu Rohr- oder Rübenzucker.

Aussaat im Frühjahr; der Standort sollte feucht und halbschattig sein.

Thymian *Thymus vulgaris*
Verwenden Sie Thymian sparsam zu Fleisch- oder Fischgerichten, in Suppen, Aufläufen und in Füllungen.

Aussaat im Frühjahr.

Thymus citriodorus Diese milde Variante empfiehlt sich überall dort, wo gewöhnlicher Thymian zu intensiv ist; das Zitronenaroma paßt auch gut zu Obstsalaten und Süßspeisen.

Vermehren Sie den Zitronenthymian im Frühjahr durch Stecklinge.

Winterbohnenkraut
Satureja montana
Verwenden Sie das mildere Winterbohnenkraut, wenn Sommerbohnenkraut nicht erhältlich ist.

Ziehen Sie es wie Bohnenkraut. Im Gegensatz zum Sommerbohnenkraut ist es winterfest.

Kümmelthymian Thymus herbabarona

Zitronenstrauch *Aloysia triphylla*
Verwenden Sie Zitronenstrauchblätter wegen ihres kräftigen Zitronenaromas in Obstsalaten, Fruchtgetränken oder Punsch. Man kann damit auch Eiercremes, Eiscreme und Sorbets würzen.

Setzen Sie eine Topfpflanze erst nach draußen, wenn keinerlei Frostgefahr mehr besteht. Nehmen Sie im Frühsommer Stecklinge ab, um sich einen Vorrat an Pflanzen anzulegen.

AUSGEWÄHLTE REZEPTE MIT KRÄUTERN

Wie man im Mittelalter Kräuter ausstreute, um mit ihrem Duft unangenehme Gerüche zu vertreiben, so wurden damals viele Kräuter und Gewürze dazu benutzt, den Geruch von verdorbenem Fleisch zu verdecken. Heute versucht man mit Kräutern natürliche Aromen zu verstärken. Die folgenden Rezepte zeigen, wie einfallsreich man Kräuter kombinieren kann.

PESTO

1 großes Bund Basilikum (im Winter: 1 großes Bund Petersilie und 2–3 Teel. getrocknetes Basilikum)
8 Eßl. Olivenöl
40 g geriebener Parmesan
40 g Pinienkerne
2 Knoblauchzehen, zerdrückt

Alle Zutaten in das Olivenöl geben und mit dem Pürierstab bei mittlerer Geschwindigkeit zu einem feinen Püree verrühren. Mit Salz abschmecken.

Dieses Rezept reicht für vier Personen, wenn der Pesto mit Spaghetti oder anderen Nudeln vermischt wird. Man kann auch eine größere Menge auf Vorrat zubereiten, von der man nach Wunsch etwas unter Nudeln rührt oder mit einer Vinaigrette vermischt. In einem luftdichten Glasgefäß im Kühlschrank ist Pesto einige Wochen haltbar.

KRÄUTERBUTTER

Eine mit Kräutern gewürzte Butter ist eine delikate Beigabe zu gebakkenen Kartoffeln oder heißen Gemüsen; man kann damit auch gut kalte Gerichte garnieren. Auf ungefähr 200 g Butter

1 Teel. Kerbel
1 Teel. Schnittlauch
1 Teel. Petersilie
1 Teel. Estragon
1 Eßl. gehackte Schalotten

Falls erhältlich, möglichst frische Kräuter verwenden. Die Kräuter in Musselin einwickeln und 3 Minuten blanchieren. Das Kräutersäckchen abtropfen und in kaltem Wasser abkühlen lassen, bevor man es auswringt. Die Schalotten blanchieren und anschließend mit den gehackten Kräutern vermischen. Die Paste in die Butter kneten.

Diese Kräuteressige können ohne Etikett auskommen.

KRÄUTERESSIG

Die Zubereitung von Kräuteressigen besteht einfach darin, daß man Essig mit einem Kräuteraroma versieht. Ca. 10 Eßl. Kräuter hacken (Basilikum, Pimpinelle, Dill und Estragon werden am häufigsten verwendet) und mit 150 ml kochendem Essig übergießen. Das Kraut in dem Essig zerdrücken und noch 300 ml kalten Essig hinzufügen. In eine Flasche gießen, gut verschließen und 2 Wochen stehenlassen, dabei hin und wieder schütteln. Danach durchseihen und in eine saubere Flasche abfüllen.

TOMATEN MIT MOZZARELLA IN KRÄUTERVINAIGRETTE

5 große, reife Tomaten
100 g Schaf- oder Büffelmozzarella in Lake
5–6 große frische Basilikumzweige, gehackt
1 milde Zwiebel, in dünne Ringe geschnitten
3 Eßl. Weinessig
1 Prise Zucker
Salz und frisch gemahlener schwarzer Pfeffer
1 Teel. Dijonsenf
2 Knoblauchzehen, zerdrückt
3 Eßl. Olivenöl

Zucker, Salz und Pfeffer, Senf und zerdrückten Knoblauch in den Weinessig mischen. Das Öl hinzufügen und gut verquirlen. 1 Stunde ziehen lassen. Die Tomaten in Scheiben schneiden und zusammen mit den Zwiebelringen auf einer Platte anrichten. Den Mozzarella in Scheiben schneiden und mit dem Basilikum auf Tomaten und Zwiebeln verteilen. Die Vinaigrette noch einmal aufrühren und über den Salat gießen.

KRÄUTERPUDDING

Dies ist ein altes englisches Rezept, das heute nur noch selten zubereitet wird.

50 g Perlgraupen
100 g junge Brennesselblätter
100 g Sauerampfer oder junger Spinat
1 Bund Frühlingszwiebeln
25 g Petersilie
20 g gehackte Kräuter – eine Mischung aus Majoran, Bohnenkraut, Estragon, Dill, Kerbel und Pimpinelle
Salz und frisch gemahlener schwarzer Pfeffer
1 Ei

Die Perlgraupen in kaltem Wasser 4 Stunden einweichen; dann abtropfen lassen. Die anderen Gemüsezutaten waschen und mit den gehackten Kräutern in die Perlgraupen mischen. Mit Salz und Pfeffer abschmecken. Ein Sieb mit einem Musselintuch auslegen, die Masse einfüllen und das Tuch darüber zusammenbinden. Den Pudding 1 Stunde in Wasser simmern lassen. Abtropfen lassen, aus dem Tuch lösen und in eine Schüssel geben. Das Ei unterrühren und noch einmal mit Salz und Pfeffer abschmecken. 15 Minuten lang im vorgeheizten Backofen bei 130 °C (Gasstufe 4) backen. Der Pudding kann allein oder als Beilage zu Fleisch serviert werden.

LAUCH VINAIGRETTE

Die Vinaigrette (links) zubereiten und über noch heiße, abgetropfte Lauchstangen gießen. Ziehen lassen und leicht gekühlt servieren.

FENCHEL-LIEBSTÖCKL-SUPPE

1 große Fenchelknolle
1 l Hühnerbrühe
1 Eßl. Zitronensaft
Salz und frisch gemahlener schwarzer Pfeffer
2 Eßl. gehackter Liebstöckl

Den Fenchel waschen, in dünne Scheiben schneiden und in einen Topf geben. Die Brühe hinzufügen, zum Kochen bringen und ca. 30 Minuten simmern lassen. Die Suppe durchseihen. Noch einmal erhitzen und mit Salz, Pfeffer und Zitronensaft abschmecken. Ein paar Minuten vor dem Servieren den Liebstöckl hineinrühren.

ERBSENSUPPE MIT SALBEI

200 g getrocknete grüne Erbsen
300 ml Hühnerbrühe
300 ml Sahne
Salz und frisch gemahlener schwarzer Pfeffer
2 Eßl. feingehackter Salbei

Die Erbsen mit kochendem Wasser übergießen und über Nacht weichen lassen. Die Erbsen in dem Wasser kochen, bis sie weich sind, und anschließend in einem Mixer pürieren. Die Brühe und $^3/_4$ der Sahne hinzugießen, mit Salz und Pfeffer abschmecken und den Salbei hineingeben. Noch einmal erhitzen (nicht kochen) und mit einem Klecks Sahne servieren.

SEEZUNGENFILETS MIT KORIANDER

4 Seezungenfilets (ersatzweise Schollenfilets)
4 Eßl. Milch
Salz und frisch gemahlener schwarzer Pfeffer
Butter
7–8 Zweige Koriander

Die Fischfilets in eine flache Backform legen und die Milch darübergießen. Butterflöckchen darauf verteilen, mit Salz und Pfeffer würzen und den Fisch mit den Korianderblättern bedecken. Die Form mit gebutterter Alufolie abdecken und im vorgeheizten Backofen bei 200 °C (Gasstufe 6) 20 Minuten backen.

KRÄUTER RICHTIG LAGERN

Eine gute Kräuterernte kann für die Verwendung im Winter konserviert werden, indem man sie trocknet, einfriert oder in Salz einlegt. Bei den mediterranen Kräutern würde ich gelagerte, aber in Sommersonne gereifte Pflanzen in jedem Fall den zwar frischen, doch kraftlosen winterlichen Fensterbankkräutern vorziehen.

Trocknen

Die Kräuter, die sich am besten trocknen lassen, sind Thymian, Rosmarin, Lorbeer, Majoran und Salbei. Ernten Sie die Kräuter an einem sonnigen Morgen, wenn der Tau verdunstet ist, und pflücken Sie nur die Zweige, die Knospen tragen, aber noch nicht aufgeblüht sind. Es gibt verschiedene Möglichkeiten des Trocknens: Man hängt die Zweige in einem warmen, belüfteten Raum ohne direktes Sonnenlicht zum Trocknen auf oder legt sie für ein paar Tage auf ein mit einem Musselintuch ausgelegtes Tablett, bis sie trocken, aber immer noch grün sind. Es gibt auch spezielle Trockenschränke.

Wenn die Kräuter getrocknet sind, wickeln Sie sie ganz in Papier ein und bewahren sie in einer Schublade oder einer trockenen (aber dunklen) Speisekammer auf. Um Platz zu sparen, kann man die holzigeren Stiele entfernen, die Blätter zerkrümeln und sie dann in Gläser füllen. Stellen Sie die Gläser an einen dunklen Platz oder verwenden Sie Gläser aus dunklem Glas, da das Licht das Aroma der Kräuter zerstört. Lassen Sie getrocknete Kräuterzweige nicht endlos lange hängen, sie mögen vielleicht dekorativ aussehen, werden aber mit der Zeit schmutzig und verlieren an Geschmack.

Einfrieren

Eine weitere Möglichkeit der Konservierung ist das Einfrieren. Diese Methode empfiehlt sich für Petersilie, Fenchel und Dill, die sich nicht gut trocknen lassen. Auch Estragonzweige sind zum Einfrieren geeignet. Von großblättrigem Basilikum sollten Sie immer nur wenige einzelne Blätter in kleinere Gefrierbeutel füllen.

Wenn Sie ein großes Gefrierfach besitzen, können Sie fertige Kräutereiswürfel herstellen, indem Sie die Kräuter hacken, etwas Wasser hinzufügen und die Mischungen einfrieren. (Vergessen Sie nicht, die Eiswürfeltabletts zu beschriften.) Essen Sie mehr gegrilltes Fleisch als Suppen, Saucen oder Eintöpfe, dann sollten Sie Ihre Kräuter zu Kräuterbutter verarbeiten (siehe Seite 76) und portionsweise einfrieren.

Salzen

Die ziemlich fleischigen Basilikumblätter lassen sich nur schlecht trocknen. Wenn man sie nicht einfrieren will, legt man sie daher in Salz ein. Dazu werden die Basilikumblätter in einem Schraubglas übereinander geschichtet und lagenweise gesalzen. Mit Oliven- oder Traubenkernöl aufgegossen, sind sie so etwa vier Wochen haltbar. Vermischt mit Essig, Knoblauch und schwarzem Pfeffer, wird daraus eine passende Vinaigrette zu Tomaten mit Mozzarella, jener wunderbaren italienischen Vorspeise (siehe Seite 77).

Gegenüber: Eine morgendliche Ernte, bestehend aus Thymian, Rosmarin, Lorbeer, Salbei, Estragon, Fenchel und Kerbel. Ein experimentierfreudiger Koch würde auch die Kapuzinerkresseblüten pflücken, um seinen Salaten Würze und Farbe zu verleihen.

EIN REZEPT FÜR EINE WÜRZIGE ESSIGLAKE

Zum Sauereinlegen von Kohl, Gurken und Zwiebeln geeignet.

2 l milder Essig
25 g Pimentkörner
25 g Zimtrinde
25 g Ingwerwurzel, zerdrückt
25 g Lorbeerblätter
25 g weiße Pfefferkörner

Das Gemüse, das eingelegt werden soll, 24–48 Stunden mit Salz in eine Plastikschüssel schichten, anschließend in ein Sieb geben und gut abtropfen lassen. Lorbeer, Gewürze und Essig im Wasserbad erhitzen, bis das Wasser kocht, vom Herd nehmen und zugedeckt 2 Stunden stehenlassen. Vor Gebrauch den Essig durchseihen. Die Gemüse in sterile Gläser füllen, mit dem Essig bedecken und sorgfältig luftdicht verschließen, damit keine Flüssigkeit verdunstet.

SENF: GEWÜRZ UND ARZNEI

»Ich würde Sie gern näher kennenlernen, guter Meister Senfsamen.«
aus: Ein Sommernachtstraum
William Shakespeare (1564–1616)

Senf wird seit der Zeit des griechischen Arztes Hippokrates (um 460–375 v. Chr.) medizinisch genutzt. Die Römer verzehrten zu den Mahlzeiten die Samen als Gewürz. Bei Tisch gemahlen werden Senfsamen erst seit dem 18. Jahrhundert. Heute nimmt Senf, gemessen am Welthandelsvolumen, den ersten Platz unter den Gewürzen ein. Das mag überraschen, denn gewöhnlich denkt man bei Gewürzen zuerst an Muskat, Muskatblüte, Zimt, Ingwer und die anderen tropischen Gewürze.

In England wird nur wenig Senf angebaut. Im Frühjahr ausgesät, bringt er im Frühsommer leuchtendgelbe Blüten hervor. Im Spätsommer und zu Beginn des Herbstes wird er geerntet. Man kultiviert fast ausschließlich Juncea- oder Sareptasenf *Brassica juncea* und Weißen Senf *Sinapis alba.* Jede Spezies verleiht der Senfpulvermischung oder der Senfpaste einen anderen Charakter, wobei der Junceasenf für Schärfe (und die satte gelbe Farbe) und der Weiße Senf für das nötige Feuer sorgt. In der Mischung liegt das Geheimnis, und jedes Land hat so seine eigenen Vorlieben. Die Franzosen bevorzugen zum Beispiel Senf aus ganzen oder nur grob gemahlenen Samen, angerührt mit einem kräftigen Schuß Essig. Die Amerikaner mögen ihren Senf süßer und weniger feurig im Nachgeschmack. Das Zentrum des französischen Senfhandels ist Dijon. Hier wird Senf in vielen verschiedenen Geschmacksrichtungen hergestellt, abgestimmt auf Geflügel-, Eier-, Fisch- oder Fleischgerichte.

Die Wirkung von Senf als Gewürz beruht auf drei Eigenschaften: den Appetit und den Speichelfluß anzuregen und dadurch den ersten Verdauungsvorgang zu beschleunigen; unverdauliche Fette und Ballaststoffe aufzuspalten; und die Verdauungssäfte zu stimulieren, den Verdauungsprozeß zu vollenden. Viele Leute mögen auch den Eigengeschmack von Senf, was noch einmal zu einer guten Verdauung beiträgt.

Senf als Arznei

Das im Senf enthaltene ätherische Öl Allylisothiocyanat regt bei äußerlicher Anwendung den Kreislauf an und för-

Die Samen von Sinapsis alba *verleihen dem in England bevorzugten Senfpulver eine feurige Note.*

dert so die Ausscheidung von Giften aus dem Körper. Dieser die Heilung beschleunigende Effekt macht Senf so wertvoll für die Behandlung vieler Krankheiten, von der einfachen Erkältung bis hin zu Rheumatismus. Äußerlich wird Senf häufig als Dunstumschlag oder Packung verabreicht (zum Beispiel zur Linderung von Bronchitis, Neuralgien oder Zahnschmerzen), er ist aber auch als Salbe erhältlich. Senfsalbe war in England lange Zeit ein beliebtes Mittel zur Linderung der Schmerzen bei noch geschlossenen Frostbeulen. Zwei oder drei Eßlöffel Senfpulver als Badezusatz sollen wirksam gegen Erkältungen sein, überanstrengte Muskeln entspannen und den Schlaf fördern. Ein Fußbad mit einem Eßlöffel Senfpulver soll schmerzenden Füßen wohltun, und ich habe festgestellt, daß es gleichzeitig eine Erkältung einschüchtert.

Einige Anregungen, wie Sie Senf in der Küche verwenden können

Wenn Sie Senfpulver verarbeiten, müssen Sie es immer mit kaltem Wasser anrühren und vor Gebrauch 10 Minuten lang stehenlassen. Die Senfpaste sollte zu jeder Mahlzeit frisch zubereitet werden.

Reiben Sie aufgetaute Fleischstücke vor der Zubereitung mit trockenem Senfpulver ein; sie werden dadurch zarter.

Verwenden Sie trockenes Senfpulver auch als Zartmacher und zum Würzen von Schinken, indem Sie es vor dem Braten in die Pfanne geben.

Die Samen von Brassica juncea *sorgen in vielen Senfmischungen für Schärfe und Farbe.*

WELSH RAREBIT

200 g Cheddar
1 Eßl. Butter
1/2 Teel. schwarzer Pfeffer
1/4 Teel. Salz
1 Eßl. Milch
2–3 Eßl. Bier
1 Teel. frisch zubereitete Senfpaste

Den Käse in Scheiben schneiden. Die Butter zerlassen und unter ständigem Rühren Pfeffer, Salz und Milch dazugeben. Den Käse hineinrühren und weiter umrühren, bis die Mischung eine cremige Konsistenz hat. Das Bier dazugeben, weiter umrühren und den Senf hinzufügen. Ein paar Minuten kochen lassen und dann auf heißem Toast servieren.

KÖRNIGE SENFSAUCE

Diese Sauce wird zu Kaninchen oder Hähnchen gereicht.

1 Schalotte, fein gehackt
1 Teel. Butter
4 Eßl. trockener Weißwein
4 Eßl. Hühnerbrühe
1 Eßl. Schlagsahne
3/4 Teel. Dijonsenf
1 Zweig Estragon
1 gestrichener Eßl. Senfsamen
20 g Butter
Zitronensaft; Salz und Pfeffer

Die Schalotte in der Butter glasig dünsten. Den Wein dazugeben und kurz aufkochen. Die Hühnerbrühe angießen und so lange simmern lassen, bis die Flüssigkeit auf die Hälfte reduziert ist. Leicht abkühlen lassen und die Sahne, den Dijonsenf, die Senfsamen, den Estragon und die restliche Butter hineinrühren. Mit Salz, Pfeffer und Zitronensaft abschmecken.

GARTENGESTALTUNG MIT FARBEN

Die Freude an Farben gehört zu den Segnungen, die wir dem Gesichtssinn verdanken. Das gilt für die Kunst ebenso wie für die Gestaltung mit farbenprächtigen Pflanzen, und vielleicht ist es kein Zufall, daß viele Anregungen zu Farbkompositionen in Blumenbeeten von Gärtnern stammen, die Kunst studiert haben.

Aus Beispielen lernen

Im 19. Jahrhundert experimentierte der Maler William Turner in seinen Arbeiten mit Farben, um Licht und Atmosphäre darzustellen. Dabei löste er sich von dem konventionellen Umgang mit Farbe, der in der Landschaftsmalerei grauunterlegte Töne im Vordergrund und klares Grün im Mittelgrund vorsah, und wählte Rottöne für Nähe, Gelbtöne für mittlere Entfernungen und Weiß oder Blau für Ferne. Gertrude Jekyll, die große viktorianische Gärtnerin, hat sicherlich Turners Vorträge in der Royal Academy in London gehört, denn ihre Rabattenentwürfe lassen etwas von seinem Einfluß erkennen. Mit ihrem Buch ›Colour in the Flower Garden‹ (1908) hat sie direkt auf einige der schönsten englischen Gärten eingewirkt – Hestercombe und Tintinhull in Somerset, Sissinghurst in Kent, Hidcote Manor in Gloucestershire und Great Dixter in Sussex, um nur einige zu nennen. Der Rosengarten von Dumbarton Oaks in der Nähe von Washington, DC, zeigt den Einfluß ihrer Ideen, und auch in Privatgärten bis nach Neuseeland finden ihre Theorien Anwendung. Bei dem Besuch dieser Gärten können Sie viele Ideen für sich selbst gewinnen, und vielleicht werden Sie feststellen, daß sich Ihre Farbvorstellungen weiterentwickeln, auch weg von der Vorstellung, daß in der Natur alle Farben von sich aus miteinander harmonieren.

Farbgeschmack ist sehr subjektiv. Wir alle reagieren psychisch, emotional und physisch ganz unterschiedlich auf Farben, und das ›Auge‹ eines jeden ist anders. Die Grundprinzipien des Farbkreises der Maler und die Theo-

Links: Rosa Blüten passen besonders gut zu grauem Laub. Die Natur scheint das auch zu denken, denn sie kombiniert erstaunlich oft beides von sich aus: hier bei der gefüllten Form des Schlafmohns.

Gegenüber: Die orangefarbenen Lilien haben eine warme Ausstrahlung, die noch durch die gelben Taglilien Hemerocallis *und die rote Kapuzinerkresse* Tropaeolum speciosum *verstärkt wird.*

rien, auf denen er beruht, können dabei behilflich sein, Farben im Garten so zu gruppieren, zu mischen oder abzustimmen, daß die optimale Wirkung entsteht.

Der Farbkreis

In der Kunst gibt es drei Primärfarben: Rot, Gelb und Blau. Wann immer zwei dieser Farben zu gleichen Teilen gemischt werden, entstehen die Sekundärfarben Orange (aus Rot und Gelb), Violett (aus Rot und Blau) und Grün (aus Blau und Gelb). Auf einem Kreis lägen die Sekundärfarben jeweils zwischen den Primärfarben. Durch Mischung einer Primär- mit ihrer benachbarten Sekundärfarbe kommt es zu sechs weiteren Farbtönen und damit zum zwölfteiligen Farbkreis.

Auf dem Kreis benachbarte Farben gelten als harmonisch, Farben, die auf dem Kreis weiter voneinander entfernt sind, werden als Kontraste wahrgenommen. Gemeinhin vermeidet man es, Harmonien mit Kontrasten zu kombinieren.

Farben, die sich auf dem Farbkreis diametral gegenüberliegen, werden als Komplementärfarben bezeichnet, und wenn sie aneinandergrenzen, scheinen sie gegenseitig ihre Leuchtkraft zu verstärken. Deshalb wirkt eine blaue Blume intensiver blau, wenn sie neben eine orangefarbene oder gelbe gepflanzt wird oder wenn man sie direkt dahinter wahrnimmt, wie bei einer Rabatte blauer Blumen, die in eine Rabatte gelber Blumen übergeht.

Psychologen haben seit den 60er Jahren durch Tests herausgefunden, daß die meisten Menschen ausgesprochen positiv auf ganz harmonische oder komplementäre bzw. auf stark kontrastierende Farben reagieren.

Theorie in der Praxis

Farben werden auch ›Temperaturen‹ zugeordnet. Rot- und Orangetöne gelten als warme Farben, während Blautöne eher kühlen Charakter haben. Im allgemeinen scheinen warme Farben dem Auge entgegenzukommen; Rot zum Beispiel ist eine leuchtende, warme Farbe, die man sofort in einer Blumenrabatte wahrnimmt. Kühlere Farben suggerieren dagegen eine größere Entfernung zum Betrachter. Deshalb können blaue Blumen, richtig plaziert, einer Blumenrabatte den Eindruck von Perspektive und Tiefe verleihen und das Gefühl von Raum verstärken.

In der Malerei kann ein Farbton durch das Hinzufügen unterschiedlicher Mengen von schwarzer oder weißer Farbe unmittelbar verändert werden. Entsprechend wird in der Gartengestaltung eine Blütenfarbe dadurch modifiziert, daß man sie mit weißblühenden oder graulaubigen Pflanzen kombiniert. Ein Phlox in einem besonders kräftigen Magentarot zum Beispiel kann dadurch abgemildert werden und viel reizvoller aussehen, wenn er hinter dem grauen Ziest *Stachys byzantina* hervorscheint.

Denken Sie daran, daß auch das Klima den Eindruck der Pflanzenfarben beeinflußt. Es ist leichter, in leuchtendem subtropischem Licht mit kräftigen Farben und in dem gedämpften Licht gemäßigter Klimazonen mit zarteren Farben Gärten zu gestalten. Das Licht verändert sich auch im Laufe des Tages. Gärten mit warmen harmonischen Farben brillieren früh morgens oder gegen Sonnenuntergang, während sich Gärten, die mit blauen Blumen gestaltet sind, im Mittagslicht von ihrer besten Seite zeigen.

Farben können auch entsprechend der Textur der Blätter oder der Blütenblätter variieren. Ein stark reliefiertes Blatt weist Schattenbereiche auf und kann dunkler erscheinen. Es sieht auch anders aus, wenn es naß ist; schauen Sie einmal bewußt die Farben eines Gartens an, wenn der Regen aufhört und die Sonne herauskommt!

Achten Sie auf die saisonalen Farbpaletten der Natur. Rosa zum Beispiel ist rar im Spätsommer, Gelb gibt es dagegen reichlich im Frühjahr und Spätsommer, echte Blau- und blasse Gelbtöne sind überhaupt selten.

Arbeiten Sie ständig daran, so kundig im Umgang mit Farben zu werden, wie es die Blumenzüchter bei ihrer Arbeit sind. Gestalten Sie Ihren Garten so, daß er Ihnen gefällt, und scheuen Sie sich nicht, Farben zu verwenden, die angenehme Erinnerungen an Menschen oder Orte in Ihnen wachrufen. Das hat in sich eine therapeutische Wirkung.

FARBE UND STIMMUNG

In den letzten Jahrzehnten haben sich Innenarchitekten ausgiebig damit beschäftigt, wie man im Haus mit Farben Stimmungen wecken und Persönlichkeit ausdrükken kann. Und seit Penelope Hobhouse mit ihrem Buch ›Colour in Your Garden‹ (1985) Gertrude Jekylls Theorien über Farben im Garten weiterentwickelt hat, ist das Interesse an Farbzusammenstellungen bei Pflanzen als Element der Gestaltung in der Natur wiedererwacht.

Der Gedanke aber, daß Farbe auch eine therapeutische Wirkung hat – das heißt, daß Farben Stimmungen verbessern können –, wird selten erwähnt. Das ist aber die logische Konsequenz des Farbgebrauchs bei der Ausgestaltung von Wohnräumen. Hinzu kommt, daß heute Stadt- oder Innenhofgärten als ›Außenräume‹, also gewissermaßen als Ausdehnung des Wohnbereichs aufgefaßt werden. Es ist durchaus möglich, Laub- und Blütenfarben im Garten gezielt so einzusetzen, daß sie bestimmte Wirkungen hervorrufen, die genau Ihrer Stimmung entsprechen oder sie verändern. Im folgenden gebe ich Ihnen zu jeder Farbe ein paar Ratschläge; anschließend finden Sie auf den Seiten 86–91 detaillierte Pflanzenlisten für Farbgruppierungen in Rabatten.

Rot

Rot, sagt man, sei die erste Farbe, die Kleinkinder wahrnehmen und die in einer sich entwickelnden Sprache benannt wird. Sie hat physische Wirkungen auf uns (vielleicht, weil wir sie mit Blut assoziieren), indem sie den Herzschlag beschleunigt und den Körper dazu anregt, Adrenalin zu produzieren. Rot ist eine dominante Farbe, die visuell an uns heranrückt. Das kann Augen und auch Geist ermüden, und es ist immer schwierig, sie im Garten zu plazieren. In der Natur ist Rot auch eine Warnfarbe: mag sein, daß wir das unbewußt registrieren.

Andererseits kann Rot in kräftigem Licht (wie in den Mittelmeerländern) eine fröhliche Farbe sein, und vermischt mit anderen satten Farbtönen oder vor einem farbigen Hintergrund, zum Beispiel einer schönen Steinmauer, kann Rot ein warmes Gefühl hervorrufen. Mit Rot lassen sich im kräftigen Licht des Spätsommers die besten Effekte erzielen, im Frühsommer ist Rot dagegen verhältnismäßig selten. Da die Komplementärfarbe von Rot Mittelgrün ist, steigern grünblättrige Varietäten oder ein angrenzender Rasen die Intensität rotblühender Pflanzen. Manche Leute empfinden bläuliche Rottöne gegenüber gelblichen als ›kühler‹. In Hidcote Manor, Gloucestershire, kann man ausgezeichnete rote Rabatten bewundern. In einigen der berühmtesten Gärten in der Toskana, zum Beispiel der Villa Gamberaia bei Florenz, wird Rot auch oft für geradezu aufregende Wirkungen in Szene gesetzt.

Rosa

Viele Menschen empfinden Rosa als eine warme, einladende Farbe. Sie harmoniert mit einer Reihe anderer Farben, wirkt sanft und beruhigend, vor allem, wenn sie mit graulaubigen Pflanzen abgemildert wird. Mit Ausnahme ganz zarter Töne bewahrt Rosa seinen Farbton bis in den Abend hinein. Sie sollten trotzdem mit Rosa ein wenig vorsichtig sein, denn unter den modernen Hybriden gibt es viele sehr grelle Rosatöne.

Grün

Grün erscheint in allen Variationen als beruhigend. Es ist eine neutrale Farbe, die warmes Gelb und kühles Blau enthält. Da Grün optisch weder weg- noch heranrückt, ermüdet es das Auge auch nicht. Gärten, die ausschließlich um die Laubfarbe Grün in allen ihren Variationen konzipiert sind, können ausgesprochen kunstvoll und friedlich wirken. Da Laub auch während der Wachstumszeit eine Konstante ist, wenn Blüteneffekte nur vorübergehend sein und manchmal etwas gekünstelt aussehen können, ist ein grüner Garten für eine anhaltende Wirkung zu empfehlen.

Gelb

Als Farbe des Verrats und der Verfolgung hat Gelb in der christlichen Kunst eine eher negative Bedeutung gehabt. In der westlichen Folklore wird sie auch oft mit schlechter Gesundheit, mit Unglück, Feigheit und Dummheit in Verbindung gebracht. Blasse, schwefelige Gelbtöne sind unter den Gartenpflanzen tatsächlich ziemlich selten, während Goldgelb – das traditionell mit Königswürde, Weisheit und Reichtum assoziiert wird – häufig vorkommt, vor allem im Frühjahr und Spätsommer. Sattes Gelb, die Farbe des Sonnenscheins, stimmt fröhlich. Insgesamt ist Gelb eine der häufigsten Blütenfarben, und da es stark reflektiert, verwendet man es mit Vorliebe in Gärten, die überwiegend

Wer seinen Garten mehr mit Blättern als mit Blüten gestaltet, wird feststellen, daß nicht alle Blätter grün sind und daß Grün selbst eine abwechslungsreiche Farbe ist. Auch in den verschiedenen Stadien des Pflanzenlebens verändert sich das Laub, wie bei den bronzefarben angehauchten jungen Farnwedeln (oben) oder zur herbstlichen Jahreszeit, wenn es herrliche Farbtöne annimmt.

am Abend genutzt werden. Gelb beflügelt den Geist und ist auch noch bei spärlichem Licht gut zu sehen. Gelb muß mit attraktiven Laubpflanzen kombiniert werden, um die Wirkung noch zu erhöhen.

Orange

Orange ist eine Herausforderung im Garten; es kann aber äußerst warm und prächtig wirken (und die entsprechende Stimmung wecken), wenn es mit purpur- oder bronzeblättrigen Pflanzen abgemildert und von dunklem Grün, zum Beispiel von Eibenhecken, im Hintergrund umfaßt wird.

Blau

Blau gilt in der Regel als Farbe der Träume, der Träumerei, vielleicht, weil wir sie mit dem Himmel und dem Meer assoziieren. Diese ruhige Farbe beruhigt den Geist und läßt an Unendlichkeit denken. Dabei kann sie in Traurigkeit und Depression abgleiten (›den Blues singen‹), wenn sie nicht durch Komplementärfarben gekräftigt wird. Mit Blautönen im Garten kann man Menschen, die sich verkrampft und eingeengt fühlen, ein neues Raumgefühl vermitteln. Blau hat die Eigenschaft, sich optisch dem Auge zu entziehen und dadurch die Perspektive zu verlängern und räumliche Tiefe zu schaffen.

Echte Blautöne findet man bei Pflanzen nur selten; in der Regel neigen sie zu Violett- oder Purpurtönen. Gänzlich blaue Rabatten finde ich persönlich nicht sehr anziehend; sie haben eine ziemlich kalte Ausstrahlung. Mit mittleren Blautönen, kombiniert mit zarten Rosatönen, Weiß und silbernem Laub, läßt sich dagegen eine schöne, aber ruhige Wirkung erzielen. Violette Blautöne wirken noch reizvoller, wenn man sie mit Gelbtönen mischt. Blasses Blau kann in einem ganz natürlichen Rahmen prachtvoll aussehen – wie die Hasenglöckchen in den Royal Botanic Gardens in Kew (England), die zusammen mit den zitronengrünen *Smyrnium perfoliatum* ein sehenswertes Bild bieten.

HARMONIE IN WARMEN FARBEN

Harmonische Farben, die im ›warmen‹ Teil des Farbkreises angesiedelt sind, das heißt die Rot- und Orangetöne, können im Garten dazu benutzt werden, im Betrachter ein Gefühl von Wärme zu wecken. Das geschieht vor allem dann, wenn diese Art Farbschema als Überraschung eingesetzt wird. Eine Rabatte, auf die man zufällig stößt, wenn man um eine Ecke kommt, ein ›Garten in einem Garten‹ oder eine Pflanzengruppierung in einem abgetrennten Hof zum Beispiel können eine starke emotionale Reaktion hervorrufen.

Vorschläge für die Bepflanzung

Sie können eine Rabatte rein aus Rot- und Orangetönen wahrscheinlich nur für bestimmte Zeiten des Jahres konzipieren, da es kaum rotblühende Stauden gibt, die im Frühsommer blühen. Die ›wärmsten‹ Rabatten erreichen vom Hochsommer an ihren Höhepunkt, wenn eine Fülle kräftiger Farben erhältlich ist – vielleicht ein Hinweis auf die kommende Reifezeit des Jahres und die Entfaltung der satten Herbstfarben nach den frischeren Farbtönen des Frühjahrs. Alle amerikanischen Mitglieder der Familie der Korbblütler – *Helenium, Rudbeckia* und *Solidago,* um nur einige zu nennen – erreichen dann ihren Höhepunkt, und viele Autoren empfehlen, sie mit kupfer- oder purpurblättrigen Pflanzen zu kombinieren, um den Ausbruch ihres ›Feuers‹ etwas zu dämpfen. Ein Beispiel für eine solche Bepflanzung kann man im South Garden in Sissinghurst Castle, Kent, bewundern. Auch ein Meer orangeblühender Stauden vor einer Steinmauer in warmen Farbtönen, im Licht der Abendsonne, ist ein eindrucksvoller Anblick.

Harmonie aus rosa Blüten und purpurnen Blättern

Rote Rabatten haben vom Hoch- bis zum Spätsommer ihre beste Zeit. Wenn Sie wagemutig sind, sollten Sie einmal versuchen, für einen spätsommerlichen Effekt eine Rabatte aus rot- und purpurblättrigen Pflanzen anzulegen. Für diesen Zweck sind rotblühende krautige Pflanzen und purpurblättrige laubabwerfende Sträucher am besten geeignet. Spezies wie der Perückenstrauch *Cotinus coggygria* 'Notcutt's Purple', *Prunus × cistena, Dahlia* 'Bishop of Llandaff', *Cosmos atrosanguineus,* die Berberitze *Berberis thunbergii* 'Atropurpurea' und für leichten Schatten der Ahorn *Acer palmatum* 'Atropurpureum' kommen hierfür in Frage. Arrangieren Sie diese Pflanzen so, daß die länger werdenden Sonnenstrahlen am Nachmittag und Abend das purpurfarbene Laub von hinten her treffen und beleben. Seien Sie vorsichtig mit blauroten Farbtönen, halten Sie sie von den warmen Gruppierungen getrennt, die ich mit flammenden Rot-, Orange-, Kupfer- und Bronzetönen vorgeschlagen habe. Es sind alles Farbkombinationen, die ich in den letzten zehn Jahren gesehen und als sehr gelungen notiert habe. Die Farbspezialisten unter den Gartenfachleuten sind der Meinung, daß sich warme Farben, die Gelb in ihrem Pigment haben, nicht gut mit solchen warmen Farben verbinden, die Blau enthalten, wie Mauve, Magenta- und zarte Karmintöne. Ich würde dem zustimmen, aber Sie sollten das selbst ausprobieren und Ihre eigene Entscheidung treffen.

FÜR DIE BEPFLANZUNG IN WARMEN FARBTÖNEN

Gelbe, feuerrote und orangefarbene Blüten können durch eine enge Nachbarschaft mit kupfer- oder bronzeblättrigen Sträuchern belebt und in ihrer Wirkung verstärkt werden. Sie können die hier vorgeschlagenen Gruppierungen mischen oder aufeinander abstimmen, vorausgesetzt, Sie sorgen für die richtige Lage und die erforderlichen Bodenverhältnisse. Staffeln Sie die Pflanzen nach den angegebenen Höhen, und lassen Sie ihnen genug Raum. (Ein wenig hängt die Wuchshöhe auch von den Bedingungen in Ihrem Garten ab.)

KOMPOSITIONEN IN FEUERROT, ORANGE UND KUPFER/BRONZE

Gelb/Feuerrot/Orange	Kupfer/Bronze (Laub)	Bemerkungen
Geum chiloense 'Mrs Bradshaw' 30 × 30 cm *Geum* 'Borisii' 60 × 45 cm *Ranunculus acris* 'Flore Pleno' 75 × 45 cm *Hemerocallis dumortierii* 60 × 45 cm	*Rheum palmatum* 'Atrosanguineum' 150 × 150 cm und *Crocosmia* 'Solfatare' 75 × 25 cm	gute Kombination für den Mittelteil einer Rabatte
Inula magnifica 180 × 100 cm rote oder gelbe *Hemerocallis* 60–90 × 45 cm	*Ligularia dentata* 'Desdemona', 'Othello' oder 'Moorblut' 150 × 100 cm	am besten in feuchtem Boden
Potentilla 'Gibson's Scarlet' 30 × 60 cm *Achillea filipendulina* 'Gold Plate' 1,5–2,5 × 1,8–2,5 m	*Dahlia* 'Bishop of Llandaff' 100–150 × 100 cm oder purpurblättrige *Canna* wie 'Egandale' und 'Wyoming' 100–150 × 45 cm	braucht volle Sonne
Euphorbia griffithii 'Fireglow' 75 × 60 cm *Azalea* Knaphill-Hybriden 1,5–2,5 × 1,8–2,5 m	*Corylus maxima* 'Purpurea' 5,5 × 5,5 m	saurer Boden notwendig
Calendula officinalis 30 × 30 cm *Lilium* 'Enchantment' oder *Lilium bulbiferum var. croceum* oder *Lilium × hollandicum* 60–120 × 120 cm	*Prunus × cistena* 180 × 180 cm	aus dem *Prunus* könnte eine Hecke als Rückwand gezogen werden
Primula bulleyana, *P. chungensis, P. aurantiaca* 60–75 × 45 cm	*Rheum palmatum* 'Atrosanguineum' 150 × 150 cm *Lobelia cardinalis* 90 × 30 cm *Rodgersia aesculifolia* 180 × 75 cm	braucht feuchten Boden
Inula 'Golden Beauty' 120 × 100 cm *Helenium*-Hybriden 60–150 × 45 cm	*Phormium tenax* 'Purpureum' 200 × 120 cm *Salvia officinalis* 'Purpurascens' (davor) 60 × 150 cm	nur in voller Sonne

KONTRASTE IN BLAU- UND GELBTÖNEN

Wir nehmen Farben nicht so wahr, wie sie sind, sondern gemäß dem Boden, der sie umgibt, schrieb Leonardo da Vinci – eine Idee, die die französischen Impressionisten in den 80er Jahren des vorigen Jahrhunderts aufgegriffen haben. Gertrude Jekyll, die sich sowohl für Malerei als auch für Gärten interessierte, hat die Farbtheorie, die im 19. Jahrhundert eine große Rolle spielte, auf die Gartengestaltung umgesetzt, vor allem im Hinblick auf den Gebrauch von Komplementärfarben.

Eine der Besonderheiten von Komplementärfarben (das sind nicht nur Blau und Orange, Gelb und Violett, Rot und Grün, sondern alle Farben, die sich auf dem Farbkreis diametral gegenüberliegen) besteht darin, daß jede in unserem Auge ihre Partnerfarbe simuliert (schauen Sie mal auf ein intensives Grün und schließen Sie dann die Augen). Diese einfache Tatsache kann bei der Gartengestaltung dazu genutzt werden, Farben zu verstärken, indem das Auge auf sie vorbereitet wird. Ein Bereich mit goldlaubigen Pflanzen zum Beispiel, gefolgt von einer Gruppe violettblauer Pflanzen, steigert die Wirkung dieser Bepflanzung durch den Effekt des Simultankontrasts: das Auge verlangt nach der Komplementärfarbe, die es selbst erzeugt, und findet zusätzliche Befriedigung, wenn es ihr in der Realität tatsächlich begegnet.

Vorschläge für die Bepflanzung

Eine Möglichkeit des Spiels mit Komplementärfarben wäre die Anlage einfarbiger, durch Hecken getrennter Kompartimente. Vom gelben Garten gelangte man dann in den blauvioletten, vom grünen Laubgarten in den roten Blütengarten.

Versuchen Sie in einer Rabatte, die Sie aus Blau und Gelb aufbauen wollen, die Blautöne von einem Ende des Beets zum anderen abzustufen; verteilen Sie in umgekehrter Richtung die Gelbtöne dazwischen, so daß die blassen

Gelbe Tulpen und blaue Vergißmeinnicht lassen sich in einem Frühjahrsbeet wunderbar kombinieren, wobei das Blau das Gelb für das Auge noch verstärkt.

und mittleren Blautöne mit den reichen Gold- oder Gelborangetönen, Blauviolettöne mit den blasseren Gelbtönen zusammentreffen. Ein solcher Bepflanzungsplan ist ein ziemliches Kunststück und wird auch noch dadurch erschwert, daß die Blautöne in alkalischen Böden häufig dunkler erscheinen.

Sie werden auch Probleme haben, geeignete schwefelgelbe Pflanzen zu finden: Die Fingerkrautarten *Potentilla fruticosa* 'Primrose Beauty' und *Potentilla recta* 'Sulphurea' sind eine gute Wahl; ebenso die schöne Schafgarbe *Achillea* 'Moonshine', die man nicht so häufig sieht wie ihre Gefährtin *Achillea filipendulina* 'Gold Plate', die einen deutlich messingfarbenen Ton hat. Ich würde auch auf goldblättrige Pflanzen verzichten, Frühlingsrabatten ausgenommen, da die Farbe häufig verblaßt, sobald die Sonne zum Hochsommer hin höher am Himmel steht. In einer Rabatte, die

BLAUE UND GELBE RABATTEN

In unserer Wahrnehmung verstärken sich Blau und Gelb gegenseitig durch das Gesetz komplementärer Farben, und sie erscheinen besonders frisch im Frühjahrsschauspiel von Zwiebelgewächsen und krautigen Pflanzen. Siehe die Empfehlungen auf Seite 90 für Sommerbepflanzungen und die Verwendung von herbstlichen Laubfarben und herbstblühenden Zwiebelpflanzen im blauen und gelben Farbspektrum. (Denken Sie daran, daß der Farbton blauer Blüten in alkalischen Böden dunkler werden kann.)

KOMPOSITIONEN IN BLAU- UND GELBTÖNEN FÜR DAS FRÜHJAHR

Blau	Gelb	Bemerkungen
Hyacinthoides non-scripta 30 × 15 cm	*Rhododendron luteum* 3 × 3 m	für Waldland auf saurem Boden
Crocus sieberi oder *C. tommasinianus* 6 × 5 cm	*Cornus mas* 3 × 3 m	den *Cornus* als Einzelexemplar in einen Rasen setzen und mit den Krokussen unterpflanzen
Scilla sibirica oder *Anemone apennina* (blaue Form) 15–20 × 10 cm	*Forsythia suspensa* 3 × 2,5 m	die Zwiebeln in bandförmigen Gruppen unter die Forsythie pflanzen
Ceanothus impressus 150 × 180 cm	Tulpe 'Mrs Moon' 45 × 13 cm *Coronilla glauca* 3 × 2,5 m *Rosa* 'Helen Knight' 3 × 2 m	für eine warme Rabatte die Rose an einer warmen Mauer dahinter ziehen
Brunnera macrophylla oder *Omphalodes cappadocica* 30–45 × 30–45 cm	*Doronicum austriacum* 60 × 30 cm	für guten, feuchten Boden
Myosotis sylvatica 15–40 × 15 cm	*Milium effusum* 'Aureum' 45 × 30 cm	beide Pflanzenarten säen sich selbst aus
Omphalodes cappadocica 30–45 × 30–45 cm	*Euphorbia polychroma* 45 × 45 cm	für die Vorderfront der Rabatte
Meconopsis betonicifolia oder *M. grandis* 90 × 45 cm	*Primula helodoxa* oder *P. florindae* 90 × 45 cm	Spätfrühling; für sauren Boden

KOMPOSITIONEN IN BLAU- UND GELBTÖNEN FÜR DEN SOMMER

Blau	Gelb	Bemerkungen
Geranium sylvaticum 'Mayflower' 75 × 60 cm	*Cytisus* × *praecox* 180 × 180 cm	braucht volle Sonne
Geranium 'Johnson's Blue' und blaue *Iris sibirica* in verschiedenen Sorten beide 90 × 60 cm	*Rosa* 'Golden Wings' 180 × 150 cm *Rosa* 'Frühlingsgold' 2 × 2 m	braucht volle Sonne
Campanula lactiflora 100 × 60 cm	*Lilium* × *testaceum* 150 × 30 cm	beide brauchen einen nahrhaften, feuchten Boden
Lobelia syphilitica 100 × 30 cm	*Primula florindae* 90 × 45 cm	braucht feuchten Boden oder Sumpf
Lavandula spica 100 × 100 cm	*Potentilla* 'Primrose Beauty' 100 × 100 cm	bilden eine schöne gemischte niedrige Hecke in der Sonne und in einem nahrhaften Boden
Salvia farinacea 'Victoria' oder *S. haematodes* 'Indigo' 45 × 30 cm	*Alchemilla mollis* 30 × 60 cm	wie in Hidcote Manor, Gloucestershire (England)
Salvia guaranitica 150 × 60 cm	*Hypericum* 'Rowallane' 2 × 2 m	wie in Knightshayes Court, Devon (England); nur für warme Lagen
Stokesia laevis 45 × 45 cm	*Achillea* 'Moonshine' 60 × 45 cm	eine zarte Farbkombination
Clematis 'Xerxes' 2,5–3,5 × 3 m *Campanula carpatica* oder *C. portenschlagiana* 15 × 90 cm	*Rosa* 'Golden Wings' 180 × 150 cm	Clematis sollte an eine Mauer hinter der Rose gepflanzt werden; Glockenblume als Randbepflanzung
Thalictrum speciosissimum (purpur) 150 × 100 cm und *Lythrum salicaria* (purpur) 120 × 60 cm	*Lysimachia vulgaris* 90 × 60 cm	für feuchten Boden

KOMPOSITIONEN IN BLAU- UND GELBTÖNEN FÜR DEN HERBST

Blau	Gelb	Bemerkungen
herbstblühende Krokusse, zum Beispiel *C. speciosus* *C. banaticus* oder *C. laevigatus* var. *fontenayi* alle 12 × 9 cm	*Morus alba* 4,5 × 4,5 m	die Krokusse als blaue Unterpflanzung zum gelben Herbstlaub des Maulbeerbaums
Ceratostigma plumbaginoides 100 × 100 cm	*Arundinaria viridistriata* (Goldener Bambus) 120 × 100 cm *Mahonia undulata* 2,5 × 1,5 m	*Ceratostigma* als Randbepflanzung

dem vollen Sonnenlicht ausgesetzt ist, wie es die meisten Rabattenpflanzen verlangen, kann das Laub leicht verbrennen. Pflanzen Sie Ihre Rabatte vor eine schöne grüne Hecke als Hintergrund oder vor eine Ziegelmauer – vor einem Zaun sehen Blau- und Gelbtöne nur halb so aufregend aus.

Die Tabelle wird es Ihnen erleichtern, für Frühjahrs-, Sommer- und Herbsteffekte Farbgruppierungen in Ihrer Rabatte zu entwerfen. Einige der empfohlenen Frühjahrskompositionen sind in den Royal Botanic Gardens in Kew ausprobiert worden, wo seit Mitte der 60er Jahre ein ganz neuer Stil des Farbgebrauchs bei Stauden entwickelt worden ist. Andere Gärten mit beispielhaften Farbwirkungen sind Villandry im Loiretal, Versailles bei Paris und der botanische Garten in Auckland, Neuseeland.

Das intensive Blauviolett der Glockenblumen Campanula portenschlagiana *wird durch die Nachbarschaft des gelblaubigen kriechenden Felberichs* Lysimachia nummularia *'Aurea' verstärkt.*

FORM UND STRUKTUR

Ein gut strukturierter Garten wird in doppelter Hinsicht zum visuellen Vergnügen: durch seine Bepflanzung ebenso wie durch seine gesamte Anlage. Für welchen Gartenstil Sie sich auch entscheiden, ein Plan, der das Auge befriedigt, kann ein starkes Gefühl seelischen Wohlbefindens auslösen, indem er wichtige ›Grenzen‹ setzt. Im Gartenbau haben sich Partnerschaften entwikkelt, bei denen einer für die architektonischen, der andere für die pflanzlichen Elemente zuständig ist.

Ein erfreulicher Ausblick

Landschaftsarchitekten und Gartengestalter sprechen häufig vom ›Skelett‹ eines Gartens, womit die gebauten Elemente gemeint sind: Mauern, Terrassen, Wege, Pergolen oder ähnliches, die das Grundgerüst des Gartens schaffen und einen Rahmen für die Pflanzen liefern.

Die Struktur eines Gartens kann auch durch Hecken geschaffen werden, entweder durch hohe, die Schutz bieten und einen Hintergrund bilden, oder durch niedrige, vielleicht aus Buchs oder Heiligenkraut, die traditionsgemäß in Kräuter- und Knotengärten verwendet werden. Lange Alleen, die an einer Statue oder anderen skulpturalen Blickpunkten enden, können beim ersten Anblick ein entscheidendes Vergnügen bereiten. Die gleiche visuelle Befriedigung kann ein absichtlich eingerahmter Ausblick durch ein Tor, ein ›Fenster‹ in einer Mauer, einen Bogen oder eine Öffnung in einer Hecke erzeugen.

Verschiedenartige Gefäße wie Urnen und Terrakotta-Töpfe können als ›Akkord‹ an das Ende einer Rabatte oder an ein Wegekreuz gesetzt werden. Manchmal kann es sich als sehr wirkungsvoll erweisen, diese Gefäße bunt zu bepflanzen, da sie den Gesamtentwurf betonen.

Das Raumgefühl in einem Garten kann dadurch noch gesteigert werden, daß man für Höhenunterschiede im Terrain sorgt. Die meisten italienischen Renaissancegärten sind terrassenförmig angelegt, während im England der Jahrhundertwende ›versenkte Gärten‹ beliebt waren. Ein schönes Exemplar ist der Senkgarten von Hestercombe in Somerset, den Edward Lutyens und Gertrude Jekyll gemeinsam angelegt haben. Dumberton Oaks bei Washington, DC, ist in ähnlicher Weise konzipiert. Da ummauerte Senkgärten häufig wirkungsvolle ›Sonnenfänger‹

Unten links: Manche Pflanzen haben skulpturalen Charakter, wie die feuchtigkeitsliebende Gunnera manicata.

Unten: Harte Strukturen, wie diese Mauer mit dem mondförmigen Tor, rahmen Ausblicke ein und unterteilen Innenräume.

PFLANZENKONTUREN

Name (botanisch / deutsch)	Maximale Höhe und Breite	Bemerkungen
Acanthus (Arten)	120 × 100 cm	für volle Sonne; mehrjährig Sp
Bergenia cordifolia (und Sorten)	30 × 45 cm	jeder Boden, Schatten; mehrjährig H
Betula pendula 'Dalecarlica' oder 'Youngii'/ Sandbirke, Weißbirke	11 × 4,5 m	elegante Bäume W
Crocosmia / Montbretie (Arten und Sorten)	60–75 × 25 cm	für volle Sonne; mehrjährig Sp
Eriobotrya japonica / Wollmispel	5,5 × 4,5 m	Strauch für warme Gärten H
Fatsia japonica	2 × 2 m	bildet einen schönen Solitärstrauch H
Farne (alle Typen)	unterschiedlich	brauchen Halbschatten; mehrjährig W
Gräser (alle Typen)	unterschiedlich	die meisten brauchen volle Sonne; mehrjährig W
Gunnera manicata	3 × 3,5 m	für Sumpfgärten; mehrjährig H
Hosta (die meisten Sorten)	bis zu 45 × 45 cm	feuchter Boden, Schatten; mehrjährig H
Indigofera / Indigostrauch (Arten)	180 × 150 cm	gedeiht gut auf trockenem Boden; Strauch W
Iris spuria und *I. sibirica* (Sorten)	100–120 × 60 cm	für volle Sonne; mehrjährig Sp
Paulownia (Arten)	9 × 9 m	für warme Gärten H
Phormium tenax und *P. colensoi* / Neuseeländer Flachs (Sorten)	bis zu 3 × 1,5 m	Zwergsorten erhältlich; mehrjährig Sp
Tamarix / Tamariske (Arten)	4,5 × 4,5 m	braucht volle Sonne; Strauch W
Yucca / Palmlilie (Arten)	60–300 × 120 cm	sehr dekorative Sträucher W
Zantedeschia aethiopica / Kalla	90 × 60 cm	für feuchte oder nasse Böden; mehrjährig H

H: harte Konturen; W: weiche Konturen; Sp: spitze Blätter

darstellen, bieten sie neben diesem Vergnügen auch noch den Pflanzen zusätzlichen Schutz.

Pflanzenkonturen

Die Kontur, die Gestalt der Pflanzen sind ein wichtiger Aspekt eines guten Gartenplans. Gelegentlich wird dies beim Entwurf eines Gartens als ›Form‹ bezeichnet: die Kombination aller spitzen, runden, konischen und gefiederten Umrisse, die einer Bepflanzung ihre dreidimensionale Qualität verleihen. Man kann aus einer großen Vielfalt von Bäumen, Sträuchern und Stauden auswählen, die sich so kombinieren oder in Kontrast setzen lassen, daß ein angenehmes Gleichgewicht aus Pflanzen mit harten oder weichen Konturen und mit spitzen Blättern entsteht.

Hinsichtlich der Form sind einige Arten als Zwitterwesen zu betrachten: die Meerkohlarten *Crambe cordifolia* und *Crambe maritima* sind dafür ein gutes Beispiel, denn sie bringen große Blätter mit harten Konturen und Massen zarter kleiner Blüten hervor. Hier kommt nun die vierte Dimension bei der Gartenplanung ins Spiel, nämlich die Zeit. Die Wirkung einer Pflanze kann durchaus von ihrer Wachstumsstufe in einer bestimmten Jahreszeit abhängen. Der Meerkohl zum Beispiel hat scharfe Konturen im Frühjahr, bekommt aber weiche Umrisse im Frühsommer, wenn er mit einer Fülle von Blütenrispen bedeckt ist.

Einige Pflanzen mit außergewöhnlichen Formen können im Garten beinahe wie Skulpturen verwendet werden, etwa *Araucaria araucana* oder einige der *Phormium*-Spezies. Andere dekorative Pflanzen sind Palmen und Agaven. Pflanzen mit kräftigen Blättern sollten möglichst vor einen energisch strukturierten Hintergrund gesetzt werden, damit ihre Form voll zur Geltung kommen kann.

DIE ATMOSPHÄRE EINES WEISSEN GARTENS

Vita Sackville-Wests Erfolg mit ihrem weißen Garten, der international als einer der schönsten Gärten Englands gilt, hat entscheidend zur Popularität von Gärten mit weißen oder cremefarbenen Blüten als Kontrapunkt zu grünem Laub beigetragen. Andere weiße Gärten kann man in Hidcote Manor, Gloucestershire, und in Newby Hall, Yorkshire, besichtigen.

Weiß in der Nacht

Weiße Gärten werden vor allem von den Leuten geschätzt, die den ganzen Tag über auswärts arbeiten und ihren Garten an Sommerabenden nutzen wollen. Weiß beginnt bei Nacht fast zu leuchten und entwickelt in der Dämmerung, gerade wenn andere Farben zu Schatten verblassen, eine ätherische Qualität. Auch die Textur der Blütenblätter, ob glänzend oder matt, und der Charakter der Blüte, ob durchscheinend zart oder fleischig, kommen im Zwielicht besser zur Geltung.

Ein weißer Garten am Abend ist häufig auch ein duftender Garten, da viele weißblühende Pflanzen Düfte aussenden, um Motten und Nachtfalter zur Bestäubung zu locken.

Weiß weckt auch bestimmte Assoziationen. In der Tradition der christlichen Kunst verkörpern weiße Blumen Reinheit, Unschuld, das Unendliche und Ewige. Ein Topf mit Madonnenlilien *Lilium candidum* auf der Terrasse wird von religiösen Menschen sicher verstanden.

Stadtbewohner empfinden vielleicht nach einem Tag in verpesteter Luft die Reinheit weißer Blüten als erfrischend.

Gestaltung mit Weiß

Weißes Licht enthält alle Regenbogenfarben, und das kann äußerst beruhigend sein; weiße Farbe regt nicht auf (deshalb wird sie in der Innenarchitektur bevorzugt verwendet), und die Ruhe, die sie ausstrahlt, kann in Innenhöfen oder Gärten, die als ›Außenräume‹ konzipiert sind, sinnvoll genutzt werden.

Weiß wirkt auch als Erholung von kräftigeren Farben, so daß der Blick frei wird für die subtilen Nuancen im Weiß selbst sowie für die Eleganz in Verbindung mit Grün und Grau. (Kein Wunder, daß die Inuit-Eskimos in ihrer Sprache siebzehn verschiedene Worte haben, um die Farbe Weiß zu beschreiben!)

Bei der Planung eines weißen Gartens muß man sich auf Blumen konzentrieren, die in der Zeit des Jahres blühen, in der die Abende am längsten sind und man die besondere Eigenschaft von Weiß bei Nacht am besten genießen kann. Verwenden Sie ausdrucksstarke Blütenformen in großen Gruppen, um die Wege und Grenzen des Gartens zu markieren, und bringen Sie an geeigneten Plätzen Außenlampen an, um die Wirkung ins rechte Licht zu rücken.

Weiße Blumen, eingebettet in grünes und graues Laub

EINE WEISSE BEPFLANZUNG FÜR DEN FRÜHSOMMER

Beginnen Sie mit der Strukturierung des Gartens, indem Sie die Bäume und wichtigsten Sträucher darin verteilen. Füllen Sie dann die leeren Räume mit Stauden in Zweier- oder Fünfergruppen aus. Setzen Sie dazwischen Zwiebelpflanzen. Kletterpflanzen an Dreifüßen bilden vertikale Akzente, wenn keine Mauern vorhanden sind. Eventuelle Lücken werden mit Sommerblumen gefüllt.

Botanischer Name	Maximale Höhe und Breite	Bemerkungen
	BÄUME	
Halesia caroliniana	7,5 × 7,5 m	optimal für einen durchschnittlich großen Garten
Styrax japonica	6 × 6 m	optimal für einen kleinen Garten
	STAUDEN	
Campanula alliciriifolia 'Ivory Bells'	60 × 45 cm	sehr elegante hängende Blüten
Crambe cordifolia	180 × 120 cm	bildet einen Schleier weißer Blüten
Dianthus 'Mrs Sinkins'	30 × 30–45 cm	für einen trockenen, sonnigen Platz; gut auf kalkhaltigen Böden
Dicentra eximia 'Alba'	30–45 × 30 cm	braucht Feuchtigkeit
Digitalis purpurea (weiße Linie)	120 × 30 cm	am besten im Halbschatten
Hesperis matronalis	100 × 50 cm	wunderbar in der Nacht, wenn sie auch duftet
Papaver orientale 'Black and White'	60 × 60 cm	braucht viel Sonne
Zantedeschia aethiopica	90 × 60 cm	braucht feuchten Boden und leichten Schatten
	STRÄUCHER	
Carpenteria californica	180 × 180 cm	nur für warme Gärten
Cistus laurifolius	180 × 180 cm	eine der härtesten *Cistus*-Arten
Convolvulus cneorum	100 × 100 cm	braucht volle Sonne
Cornus kousa 'Chinensis'	4 × 3 m	braucht sauren Boden
Philadelphus (Arten, Hybriden und Sorten)	bis zu 3 × 2,5 m	sehr schön, aber nur kurze Blütezeit
Pittosporum tobira	4,5 × 3,5 m	nur für sehr warme Gärten
Rosa 'Iceberg'	100–120 × 100 cm	muß vielleicht gegen Mehltau gespritzt werden
Syringa 'Madame Lemoine'	3,5 × 3 m	schön, aber kurze Blütezeit
Viburnum plicatum 'Lanarth'	3 × 3 m	gedeiht am besten in einem feuchten Boden und in leichtem Schatten
	ZWIEBELPFLANZEN	
Camassia leichtlinii (weiße Form)	120 × 30 cm	braucht einen warmen Standort
Convallaria majalis	20 × 30 cm	breitet sich aus, wenn sie sich wohl fühlt
Lilium regale	120 × 30 cm	im Aussehen und im Duft eine der schönsten Lilien
	EINJÄHRIGE (SOMMERBLUMEN)	
Argemone grandiflora	90 × 30 cm	zarte Blüten
Lavatera 'Mont Blanc'	60 × 30 cm	schneeweiße Blüten
Nicotiana alata	90 × 30 cm	Blüten öffnen sich am Abend
	KLETTERPFLANZEN	
Jasminum officinale	9 × 4 m	muß hochgezogen werden, klettert nicht selbst
Wisteria sinensis 'Alba'	6–15 × 2 m	Triebe müssen im Winter zurückgeschnitten werden

DEM GARTEN ZUHÖREN

Ihr Garten kann zu einem Zufluchtsort vor der Lärmbelastung der Stadt- und Arbeitswelt, vor der Unruhe und dem Streß werden, den unerwünschte Geräusche erzeugen. Vom Ächzen der Zweige und dem Rascheln der Blätter im Wind bis hin zum Plätschern oder Rieseln des Wassers können Geräusche im Garten viele verschiedene Stimmungen und Gefühle hervorrufen. Geräusche und Düfte können lebhafte Erinnerungen auslösen und glückliche Ereignisse aus der Vergangenheit, häufig aus den Kindheitstagen, wiederbeleben. Dieses Glücksgefühl neu zu durchleben, kann eine psychologisch heilende Wirkung haben, vor allem bei Depressionen und gegen den Druck der täglichen Belastungen.

Wind und Wasser

Wind in Bäumen und Sträuchern verursacht belebende Geräusche, und es gibt viele Spezies, die Sie für diesen Zweck pflanzen können (siehe Tabelle). Das zarte Rascheln von Bambus oder von Gräsern ist eine angenehme Ergänzung zum Murmeln eines Wasserfalls oder eines fließenden Wassers.

Wasserfälle und Springbrunnen, bei denen das Wasser in Kaskaden herabstürzt oder herabrieselt, lassen sich mit ein wenig Übung ›stimmen‹, indem man Höhe, Winkel und Unterbrechung des Wasserfalls genau festlegt, so daß Geräuschskalen entstehen, die dem Garten eine zusätzliche Dimension von Harmonie verleihen. Weitere Empfehlungen zur Verwendung von fließendem Wasser finden Sie auf Seite 99.

Insektenstimmen

Pflanzen auszuwählen, die Geräusche von sich geben, ist ein Anfang, aber es ist nicht der einzige Weg, dem Garten Stimme zu verleihen. Pflanzen und Blumen, die Insekten anziehen, sind an einem sonnigen Sommernachmittag in ein einschläferndes Summen gehüllt, wenn sich Bienen und andere Insekten zwischen ihren Blüten tummeln. Um Bienen anzulocken, gibt es besondere Spezies, die als Nek-

Links: Bambus beginnt zu rascheln, sobald ein leichter Wind aufkommt.
Unten: Wie viele andere Weiden wird Salix exiqua *häufig ans Wasser gepflanzt, und da sie Wildfauna anlockt, sorgt sie für zusätzliche Geräusche.*

tar- oder Pollenspender begehrt sind. Am besten eignen sich für diesen Zweck Lavendel, Rosmarin, Brandkraut *(Phlomis)*, Weiderich *(Lythrum)*, Edeldistel *(Eryngium)*, Geißklee *(Cytisus)*, Eisenkraut *(Verbena)*, alle Thymianvarietäten und vor allem *Cistus*, die zugleich auch für Duft und Farbe im Garten sorgen.

Im Chelsea Physic Garden, wo wir Bienen halten, haben wir sie in großer Zahl an *Rosa pimpinellifolia, Mirabilis jalapa, Dipsacus fullonum*, vielen Päonien und allen *Ceanothus*-Spezies und -Varietäten beobachtet. Weitere Vorschläge, wie Sie Insekten, Vögel und andere Tiere in Ihren Garten locken können, finden Sie auf Seite 144.

BÄUME, STRÄUCHER UND GRÄSER, DIE DEM OHR WOHLTUN

Botanischer Name	Deutscher Name	Maximale Höhe und Breite	Bemerkungen
Betula papyrifera	Papierbirke	9 × 4,5 m	wo ein Baum mit feinen Texturen erwünscht ist
Colutea arborescens	Blasenstrauch	1,8 × 2,5 m	Samenkapseln, die im Wind klappern und rascheln
Cordyline australis		3,5 × 2,5 m	die bandförmigen Blätter rascheln aneinander
Cornus florida	Blumenhartriegel, Dogwood	4,5 × 4,5 m	für Waldland
Eucalyptus	Eukalyptusbaum	unterschiedlich, aber mindestens 9 × 4,5 m	für einen sonnigen Garten, wo man die herabgefallenen Blätter unter den Füßen zertreten kann
Ficus carica	Feige	4,5 × 3,5 m	für eine warme Mauer
Fraxinus ornus	Mannaesche, Blumenesche	6 × 6 m	für einen Platz ohne Begrenzung
Magnolia grandiflora	Magnolie	7,5 × 4,5 m	für eine warme Mauer
Miscanthus		1–3 × 1 m	mehrjährige Gräser für kleine Gärten
Phormium tenax	Neuseeländer Flachs	1,8–3 × 1,2 m	für warme Gärten
Phyllostachys nigra	Schwarzrohrbambus	3–6 × 6 m	Bambus für Platz ohne Begrenzung
Phyllostachys viridi-glaucescens	Grünblauer Bambus	4,5–6 × 6 m	Bambus für Platz ohne Begrenzung
Picea breweriana	Fichte	6 × 2,5 m	gut ausgeprägtes charakteristisches Geräusch, das der Wind in Koniferen erzeugt
Pinus bungeana	Kiefer	3,5 × 1,5 m	gut geeignete Kiefer für das charakteristische Geräusch, das der Wind in Koniferen erzeugt
Populus tremula	Zitterpappel	12 × 9 m	für das ›Zittergeräusch‹
Populus tremuloides	Pappel	6–9 × 4,5 m	für das ›Zittergeräusch‹
Sinarundinaria nitida	Dunkelgrüner Schirmbambus	2,5–4 × 2 m	für angenehmes Rascheln

DER KLANG FLIESSENDEN WASSERS

Fließendes Wasser ist ein wunderbar erfrischendes Element in einem Garten; es kühlt die Luft und erfreut das Ohr. Es hat eine ganz eigene Faszination im Unterschied zu ruhigen Wasserflächen.

Jahrhundertelang war die Gestaltung von Wassergärten mit großen Kaskaden und Fontänen den Reichen und Mächtigen vorbehalten, da für diese Anlagen kostspielige Wasserreservoirs und Pumpenhäuser nötig waren. Heutzutage kann sich jeder mit Hilfe einer Unterwasserpumpe an einem bescheidenen Springbrunnen oder an fließendem Wasser erfreuen. Wenn diese Anlage in der Nähe des Hauses, eines Innenhofs oder eines Wintergartens plaziert ist, hat man auch bei geöffneten Fenstern etwas davon. Alles, was man braucht, ist ein elektrischer Anschluß; außerdem müssen die Grundregeln beachtet werden, die für den sicheren Umgang mit Elektrizität in der Nähe von Wasser notwendig sind.

Teichfontänen

Es gibt viele verschiedene Typen von Fontänen; die meisten sind vorgefertigt und mit Unterwasserpumpen ausgestattet. Wählen Sie eine zu Ihrer Teichgröße passende Fontäne mit einer Spritzdüse aus, die das gewünschte Geräusch erzeugt. Feine Wasserstrahlen erzeugen im allgemeinen nur sehr leise Geräusche; darüber hinaus verstopfen die Düsen leicht, so daß Sie die Filter regelmäßig reinigen müssen. Bei einem größeren Teich ist es ratsam, die Pumpe an den Rand zu setzen und mit der Fontäne in der Mitte zu verbinden, damit sie leichter bedient werden kann. Denken Sie auch daran, die Pumpe auf einem Gestell etwas über Bodenniveau zu installieren, um sie vor Schlamm zu schützen. Im Handel sind auch Fontänen erhältlich, bei denen das Wasser aus einer Drehscheibe herausgepreßt wird, wodurch ein dünner Wasserfilm in Form einer Halbkugel oder einer Glocke entsteht. Sie erzeugen ein anderes Geräusch – mehr ein ununterbrochenes Rauschen von Wasser, als das Spritzen einer herkömmlichen Fontäne. Leise tröpfelnde Fontänen und solche, bei denen sich das Wasser in Form einer Glocke ergießt, sind nur für einen windgeschützten Standort in einem Innenhof oder ummauerten Garten geeignet. Für Plätze, die dem Wind ausgesetzt sind, braucht man einen Geysirstrahl mit einer stärkeren Pumpe, die das Wasser durch ein breiteres Rohr in die Höhe treibt, so daß es zu schäumen beginnt, wodurch ein dunkleres Geräusch entsteht.

Man kann den Fontänenstrahl auch mit einem dekorativen Element verbinden, so daß das Wasser aus einer Blei-, Terrakotta-, Stein- oder Fiberglasstatue oder -schale austritt. Achten Sie aber immer darauf, daß der Fontänenschmuck, den Sie erwerben, frostresistent ist und zu Stil und Größe Ihres Gartens paßt. Dieser Zierrat kann sich durch Kalkbelag verfärben, der sich aber mit einem Kes-

Gegenüber: Fontänen mit feinen Strahlen müssen, wie in diesem mediterranen Innenhofgarten, vor Wind geschützt werden.

Rechts: Für murmelndes Wasser braucht man keinen Teich, wie dieses Beispiel eines Geysirstrahls als Wasserquelle zeigt.

selsteinentferner gut beseitigen läßt. Algen können dagegen der Statue oder Schale eine reizvolle Patina und damit ein antikes Aussehen verleihen.

Wasserfälle

Das Geräusch kleiner Wasserfälle als Imitation eines natürlichen Baches im Waldland kann einem naturnah gestalteten Garten zusätzlichen Reiz verleihen. Dergleichen läßt sich ganz einfach mit der Anlage eines Teiches kombinieren (siehe Seite 134). Für diesen Zweck würde ich keine vorgefertigte Fiberglasform verwenden, da sie sich nur schwer in eine natürliche Umgebung einfügen läßt. Teichfolie ist viel besser geeignet, sie muß nur groß genug sein, damit noch Streifen zum Auslegen der Kaskade übrigbleiben. In der gleichen Art und Weise, wie Sie einen Teich anlegen, gestalten Sie auch eine Reihe kleiner Teiche, die sich gegenseitig leeren und wieder füllen, indem Sie mit Hilfe ausgehobener Erde einen natürlich wirkenden, abgestuften Bereich schaffen. Beginnen Sie am tiefsten Punkt und arbeiten Sie sich nach oben.

Bestimmen Sie eine Stelle direkt unterhalb der Kaskade, wo eine Unterwasserumwälzpumpe auf einem Sockel installiert werden soll, und verlegen Sie nicht-giftige Plastikrohre bis hinauf zum Ausgangspunkt am obersten Ende der Kaskadenteiche, durch die das Wasser in die Höhe gepumpt werden kann. Wählen Sie eine Pumpe mit einer Fließgeschwindigkeit aus, die für den Wasserfall, den Sie hören möchten, erforderlich ist. Der Fachhandel bietet genügend Auswahl, und das Personal berät Sie gern.

Denken Sie daran, daß Sie bei bewegtem Wasser auf den Anblick von Seerosen verzichten müssen.

Wasserspiele ohne Teich

In Stadtgärten ist es oft sinnvoller (vor allem, wenn Sie kleine Kinder haben), sich statt eines offenen Teiches ein Wasserspiel mit Hilfe eines verschlossenen Behälters über dem Boden anzulegen. Diese können so konzipiert sein, daß Wasser aus einem verschlossenen Behälter über eine Unterwasserpumpe in die Höhe geleitet wird und sich über einen Mühlstein oder über Kieselsteine ergießt, die auf Maschendraht ausgebreitet sind. Für die Konstruktion solcher Fontänen, die für moderne Gartenanlagen und Innenhöfe besonders geeignet sind, muß man noch nicht einmal Erde ausheben. Der Wasserbehälter kann aus einem aus Ziegel oder Stein gebauten Tank bestehen, den man mit dem Ausflußrohr versehen kann, das genau das Geräusch erzeugt, das man haben möchte.

Hinweis: Pumpen und alle elektrischen Anschlüsse müssen wasserdicht sein. Achten Sie darauf, daß der Hauptanschluß einen Unterbrecher hat, damit jede Möglichkeit eines Elektroschocks ausgeschlossen wird. Lassen Sie sich immer fachmännisch beraten, bevor Sie eine solche Einrichtung installieren.

Links: In Stadtgärten kann man plätscherndes Wasser mit einem Kieselsteinbrunnen erzeugen, der wie hier passend mit Ziegelsteinen eingefaßt ist und das Risiko ausschließt, daß ein Kind hineinfällt.

Gegenüber: Eine Kaskade kleiner Wasserfälle kann man sich mit Teichfolie und einer ausreichend starken Unterwasserpumpe anlegen. Für die Gestaltung einer harmonischen Felslandschaft braucht man eher künstlerische als technische Fertigkeiten.

DUFT ERLEBEN

Duftpflanzen haben ihren besonderen Reiz, unabhängig davon, ob ihre Blüten oder zerdrückten Blätter den Duft verströmen. Dabei geht das, woran wir uns erfreuen, uns eigentlich gar nichts an, es ist nicht für uns bestimmt. Blumen produzieren ätherische Öle hauptsächlich, um Bestäuber anzulocken. Nachts duftende Blumen haben eine besondere Farbe, die in der Nacht ausschwärmende Insekten und Motten anzieht: sie sind meistens weiß, cremefarben oder in einem ganz blassen Gelb getönt – Farben, die in der Dunkelheit gut sichtbar sind; sie haben trompetenförmige Blüten, zugeschnitten auf die mit langen Zungen ausgestatteten Bestäuber, die nach Nektar suchen. Und ihr Duft entfaltet sich nur in den kühleren Temperaturen des Abends, wenn sich die Blüten ganz öffnen. Besonders durchdringend sind ihre Düfte in der Feuchtigkeit des Abends, und sie werden viel weiter getragen als die meisten Düfte des Tages. In der Natur haben sich viele dieser Spezies (zusammen mit den Bestäubern) in geschützten Tälern etabliert, wo ihr Duft eingefangen wird. Wir können daraus lernen, wie wir sie am geschicktesten in unseren Gärten plazieren sollten.

Duftpflanzen kultivieren

Den meisten Duftpflanzen dient ihr ätherisches Öl als Lockmittel *anstatt* einer kräftigen Blütenfarbe, und so ist es nicht ganz einfach, einen duftenden Garten in leuchtenden Farben anzulegen. Hier müssen Sie sich auf blassere Farben einlassen. Viele moderne Hybriden sind wegen kräftiger Farben gezüchtet worden und haben bei diesem Prozeß ihren Duft eingebüßt. Ein Beispiel dafür ist der beliebte Ziertabak, der jetzt in niedrigen Züchtungen in schönen Farben erhältlich ist. Wenn Sie aber Duft haben wollen, müssen Sie auf die Spezies *Nicotiana alata* oder *N. sylvestris* zurückgreifen.

Nicht alle Blumen erzeugen indes einen Duft, der für uns Menschen angenehm ist. Da sie versuchen, Fliegen oder andere Insekten anzulocken, produzieren sie einen Geruch von Verwesung, der die verfaulenden Nahrungsmittel dieser Insekten imitiert. Viele Mitglieder der *Arum-*

Einige Rosenzüchter, darunter auch David Austin, züchten neue Sorten unter Verwendung alter, stark duftender Rosengruppen.

Familie und Bäume, die zur Rosenfamilie gehören (Weißdorn, Feuerdorn und Traubenkirsche *Prunus padus*) verfahren auf diese Weise und sollten deshalb immer abseits vom Haus plaziert werden.

Nicht immer sind es die Blüten, die den Duft abgeben. Viele ätherische Öle sind in den Blättern und Stengeln enthalten, und sie entfalten sich nur dann, wenn die Zellstruktur beschädigt wird. Viele dieser Arten sind ideal in ›Gärten zum Anfassen‹ oder in speziellen Blindengärten. Die Pflanzen produzieren diese Substanzen, um Ungeziefer zu vertreiben und Tiere daran zu hindern, sie abzufressen. Viele dieser Spezies stammen aus trockenen oder halbtrockenen Gebieten, wo die Öle, die ihre aromatischen Blätter bei der Sonnenhitze verströmen, sie vor Austrocknung schützen. Einige Baumarten schwitzen Harze aus, die in hohem Maße antiseptisch sind und ihre eigenen Wunden heilen. Einige dieser Harze werden in der Aromatherapie eingesetzt und in der Allgemeinmedizin als wirksame bazillentötende Mittel verwendet – Benzoeharz etwa, das man aus dem tropischen Benzoe-Storaxbaum *Styrax benzoin* gewinnt, wird bei Halsentzündung verordnet.

Duft in Worte fassen?

Wie läßt sich der Duft einer Pflanze beschreiben? Der Laie versucht ihn zu umschreiben, indem er ihn mit irgendeinem anderen ihm bekannten Duft vergleicht; dies stößt jedoch rasch auf Widerspruch, denn die Reaktion auf einen Duft ist sehr subjektiv und hängt vielleicht von der individuellen Physiologie ab; außerdem wirken die Düfte sehr unterschiedlich, je nachdem, in welcher Konzentration sie aufgenommen werden. Bei Pflanzen hängt die Reaktion des Menschen davon ab, in welcher Nähe und wie lange er den Duft der Blüten einatmet. Parfumeure unterteilen die Reaktion in drei Stufen – obere, mittlere und untere –, wobei die obere die erste Reaktion und die untere die Nachwirkung beschreibt.

Die Heilkraft der Düfte

Daß ein Duft starke psychologische Wirkungen haben kann, ist in der Parfümindustrie schon lange bekannt, und die anziehende Wirkung der Pheromone ist im Verhalten der Tiere gut gesichert. Die Wirkung zu analysieren ist viel schwieriger. Sicherlich ist die Reaktion auf einen Duft über die Geruchsnerven höchst individuell (sie soll bei Dunkelhaarigen stärker sein als bei Blonden); sicher ist auch, daß unser Gedächtnis durch Gerüche stark stimuliert wird. In einem Garten können Pflanzendüfte, die besonders erfreuliche Assoziationen wecken, ein wirkungsvolles Gegenmittel gegen Depressionen sein.

Die Erfahrung lehrt uns, welche Düfte sich gut miteinander verbinden lassen und wie dicht man pflanzen muß, damit ein Duft angenehm, aber nicht betäubend ist – wie die Geschmacksnerven kann der Geruchssinn leicht überfordert werden und abstumpfen.

Oben: Lilium regale *duftet betörend.*
Links: Der Duft von Magnolia soulangeana *erinnert an Zitrone.*
Ganz links: Einige duftende Pflanzen öffnen ihre Blüten am Abend, so der Ziertabak Nicotiana alata.

EINE KLASSIFIZIERUNG VON PFLANZENDÜFTEN

Die folgende Tabelle führt die von den meisten als angenehm empfundenen Duftgruppen mit Pflanzenbeispielen auf. In dieser Liste nicht enthalten sind die unangenehm aminhaltigen (fischigen oder ammoniakähnlichen), nach Tieren riechenden und indolhaltigen (nach Verwesung riechenden) Gruppen. Die Gruppen, die besonders geeignet sind, dem Garten einen wohltuenden Duft zu verleihen, sind mit einem Sternchen versehen. (Es liegt in der Natur der Sache, daß die Duftbeschreibungen subjektiv sind.)

Duftgruppe	**Beschreibung des Duftes**	**Quelle des Duftes (falls bekannt)**	**Pflanzenbeispiele**
*Aromatisch	Anissamen		*Drimys winteri*, Magnolie, *Primula veris*
	Balsam		*Hyacinthus orientalis*
	Kiefer		Blätter von Duftpelargonien
	Mandel		*Heliotropium*
	Nelke	Eugenol	*Dianthus*
	Weihrauch		*Humea elegans* und Blätter von *Liquidambar orientalis*
	Vanille	Vanille	*Clematis montana*, *Laburnum* × *watereri* 'Vossii', *Lathyrus odoratus*
	Veilchen	Ionon	*Crinum* × *powellii*, *Iris reticulata*, *Reseda odorata*, *Viola*-Arten
Eukalyptus	Eukalyptus	Eucalyptol	Blätter von Eukalyptus, Lavendel, Myrte, Rosmarin und Thymian
*Fruchtiger Duft	Ananas		*Argyrocytisus battandieri*, Blätter von *Salvia rutilans*
	Apfel		*Calycanthus floridus*, Blätter von *Pelargonium odoratissimum*, *Rosa wichuraiana*
	Aprikose (für manche Pflaume)		*Iris graminea*
	Banane		*Rosa soulieana*
	Orange		Blätter von *Pelargonium* 'Prince of Orange', *Philadelphus*, *Rosa* 'Wedding Day'
	Pflaume		*Freesia*, *Muscari neglectum*
Heuduft	aminartig, aber nicht unangenehm, große Mengen ausgenommen	Indol plus Benzylacetat	*Convallaria majalis*, *Eucharis* × *grandiflora*, *Hemerocallis citrina*, *Lilium candidum*, *Lilium regale*, *Polianthes tuberosa*, *Syringa vulgaris* in verschiedenen Sorten
Kampfer	Kampfer	Kampfer	Blätter von *Artemisia absinthium*, *Laurus nobilis*, *Lindera benzoin*, *Salvia fruticosa* und *Santolina chamaecyparissus*
Minze	Minze	Menthol	Blätter von *Mentha* sp.
*Rosenduft	süß und fruchtig, aber nicht schwer	Geraniol	*Paeonia suffruticosa*, *Pelargonium capitatum*, viele Rosen
*Schwerer Duft	Honig/Moschus		*Buddleja*, *Escallonia*, *Lonicera*, *Olearia*, *Sedum spectabile*
*Zitronenduft		Citral	Blätter von *Artemisia abrotanum*, Blätter von *Aloysia triphylla*, *Magnolia* × *soulangiana*, *Oenothera odorata*, Blätter von *Pelargonium crispum*, *Rosa bracteata*

EINEN DUFTGARTEN ANLEGEN

Bei der Planung eines Duftgartens kommt es vor allem darauf an, die Düfte an den Stellen zu konzentrieren, wo Sie sich an ihnen erfreuen können. Damit Düfte nicht ›vom Winde verweht‹ werden, müssen Sie den Garten entweder mit Mauern oder Hecken einfrieden; Sie können auch in Ihrem Gesamtplan einen umfriedeten Bereich vorsehen, den Sie als Senkgarten konzipieren. Das vermutlich intensivste Dufterlebnis bieten Wintergärten, Kalt- oder Warmhäuser voller Duftpflanzen.

Die Plazierung duftender Pflanzen im Garten

Pflanzen entfalten ihre Düfte auf unterschiedliche Weise, und die muß man kennen, um sie richtig plazieren zu können. Pflanzen zum Beispiel, deren Düfte weit getragen werden, kann man in einiger Entfernung vom Haus oder von häufig benutzten Wegen ansiedeln. Bei weniger weit tragenden Düften macht es die Menge: Ich habe einmal einen neu geplanten Duftgarten im ersten Sommer ausschließlich mit *Nicotiana alata* bepflanzt. Ihr Duft war noch in 80 m Entfernung wahrzunehmen, was die Nachbarn mit Freude vermerkten.

Andere Spezies, deren Düfte gut ›in der Luft liegen‹, sind alle *Mahonia*-Arten, verschiedene Lilien, vor allem *Lilium regale, Lobularia maritima* und *Alyssum saxatile; Matthiola longipetala* und Goldlack *Cheiranthus cheiri;* Winterblüte *Chimonanthus praecox; Crambe cordifolia; Azara microphylla;* der nach Ananas duftende *Argyrocytisus battandieri;* die meisten *Daphne*-Spezies, besonders der Seidelbast *D. odora; Fritillaria imperialis* (deren Duft in den Royal Botanic Gardens in Kew wenigstens 10 m weit getragen wird); die meisten Spezies von *Lonicera; Osmanthus fragrans;* alle strauchigen *Philadelphus*-Arten; *Rhododendron luteum* und die meisten *Viburnum*-Arten. Große Gruppen verschiedener Sorten von *Iris germanica* können im Frühsommer in einem eingefriedeten sonnigen Gartenhof einen überwältigenden Duft ausströmen.

Dagegen gibt es Pflanzen, an die man dicht herantreten muß, um ihren Duft genießen zu können. Sie müssen möglichst in die Nähe häufig benutzter Wege in der nächsten Umgebung des Hauses gepflanzt werden. Kleinwüchsige Duftpflanzen sollten in erhöhte Beete oder in Steintröge gesetzt werden, damit man nicht in die Knie gehen muß, um sie riechen zu können. Das gilt vor allem für Gartennelken, die noch dazu von der besseren Drainage in erhöhten Beeten profitieren. Andere geeignete Pflanzen sind *Daphne cneorum* 'Eximia', *Daphne blagayana* (dieser Seidelbast benötigt auch einen belaubten Boden), Schnee-

Legen Sie den Sitzplatz in Ihrem Garten dort an, wo Sie die Pflanzendüfte am besten genießen können. Hier liegt der ›Thymianrasen‹ direkt gegenüber der Gartenbank. Rosen sollten in der Nähe häufig frequentierter Wege wachsen, damit man immer wieder in ihren Duft eintaucht.

glöckchen, *Iris danfordiae,* Traubenhyazinthen und verschiedene zwergwüchsige Narzissen wie 'Tète à Tète' und *Narcissus cyclamineus.* Größere Spezies lassen sich auch auf Terrassen und in Innenhöfen in Töpfen ziehen.

Manche Düfte sind zuweilen so intensiv, daß sie fast berauschend wirken. Das habe ich erfahren, nachdem ich einen großen Kübel unter dem Fenster eines Schlafzimmers im Erdgeschoß mit *Lilium regale* bepflanzt hatte. Man kann auch duftende Kletterpflanzen an einem Rankgitter emporwachsen lassen, das einen Sitzplatz einrahmt, damit eine Laube entsteht. Für diese mittelalterliche Idee sind vor allem duftende Rosen, Geißblätter, Jasmine und Glyzinen geeignet.

Es gibt Pflanzen mit duftenden Blättern, die berührt werden müssen, damit sich ihr Duft überhaupt entfaltet. Auch sie sollten an einen häufig benutzten Weg oder dorthin gesetzt werden, wo man sie leicht streift. Zu den Bäumen und Sträuchern dieser Kategorie gehören die mexikanische Orangenblume *Choisya ternata, Cistus ladanifer, Eucalyptus, Aloysia triphylla, Myrtus-* und *Pelargonium*-Arten mit duftenden Blättern und die liebliche Weihrauchrose *Rosa primula,* deren Blätter nach dem Regen zu duften beginnen. Kleine kriechende Pflanzen, die es vertragen, daß auf sie getreten wird, sind gut geeignet für Terrassen und Innenhöfe mit Natursteinpflaster, wenn man ihnen dort ausreichend Platz einräumt. Hierfür sind die meisten Thymianarten, die kriechende Kamille *Chamaemelum nobile* 'Treneague' und die wundervolle korsische Minze *Mentha requienii* zu empfehlen.

Legen Sie Ihren Duftgarten für die Zeit an, in der Sie sich am meisten darin aufhalten. *Iris germanica* zum Beispiel ist eine gute Wahl für einen Garten, der viel im Frühsommer genutzt wird. Setzen Sie in einen Garten, den Sie hauptsächlich in der Dämmerung betreten, Pflanzen, die am Abend ihren Duft entfalten, und denken Sie daran, daß Duftpflanzen wie die Zaubernuß, die Winterblüte und *Sarcococca* möglichst in die Nähe des Hauses und nicht ans Gartenende gepflanzt werden sollten, damit Sie nicht erst einen langen Weg über eine aufgeweichte oder gefrorene Rasenfläche zurücklegen müssen, um ihren Duft genießen zu können.

Duft im Gewächshaus

Ausgezeichnete Duftpflanzen für den Wintergarten sind die kletternden Sternjasmine *Trachelospermum jasminoides* und *T. asiaticum.* Auch die Silber-Akazie *Acacia dealbata,* alle *Citrus*-Spezies, *Gardenia augusta, Stephanotis floribunda, Rhododendron* × *fragrantissimum* (nur für einen kalkfreien Boden), einige der echten Jasmine wie *Jasminum polyanthum* und die stark nach Jasmin duftende immergrüne Klebsame *Pittosporum tobira* sind eine gute Wahl. Alle diese Pflanzen gedeihen gut, wenn sie frostfrei gehalten werden. Wer sich subtropische Temperaturen (mindestens 18 °C in der Nacht) in seinem Gewächshaus leisten kann, dem bietet sich eine noch größere Auswahl herrlich duftender Pflanzen: zum Beispiel die Amazonaslilie *Eucharis* × *grandiflora* und die Tuberose *Polianthes tuberosa,* die beide in Töpfen aus Zwiebeln oder Knollen gezogen werden können. Die Tuberose ist eine Schnittblume, die wegen ihres vollen, berauschenden Duftes in Asien gewöhnlich in Girlanden und Opfergaben verwendet wird. Auch *Jasminum sambac* mit seinen kleinen gardenienartigen Blüten, die zum Parfümieren des Jasmintees verwendet werden, ist einen Versuch wert. Sein Duft verbreitet sich erst unter feuchten Bedingungen, aber man braucht nur an den Blüten zu riechen, um sich sogleich in einen Teeladen versetzt zu fühlen. Dagegen verströmen die *Hoya*-Arten, insbesondere *Hoya carnosa,* ihren würzigen Honigduft, der am Abend besonders intensiv ist, in jeder warmen Umgebung.

Jasminum polyanthum *bewahrt seinen Duft in einem temperierten, frostfreien Gewächshaus.*

LAVENDEL

Lavendel ist eine der beliebtesten aromatisch duftenden Pflanzen. Der niedrig wachsende Strauch ist im Mittelmeerraum heimisch, wo er seit dem 16. Jahrhundert wegen seines Öls kultiviert wird. Früher streute man die getrockneten Blüten auf dem Boden aus, um Ungeziefer zu vertreiben. Lavendelöl hat heute einen festen Platz in der Aromatherapie. Darüber hinaus ist Lavendel auch eine wertvolle Gartenpflanze; er wächst schnell und gibt sich mit einem kargen Boden zufrieden, sofern er in voller Sonne steht. Die niedrigeren Klone *Lavandula angustifolia* 'Hidcote' und der grünblättrige *Lavandula angustifolia* 'Munstead Dwarf', die ausgezeichnete duftende Hekken bilden, bieten sich zur Einfassung von Beeten in streng gestalteten Kräutergärten und als Wegeinfassung an.

Lavendel als Duftspender

Schon die Römerinnen verwendeten Lavendel als Duftspender für ihre Wäsche und als Badezusatz. Vermutlich leitet sich ja auch sein Name von dem lateinischen Verb lavare (waschen) ab. Mehrere Spezies werden in Frankreich und Spanien gezogen, auch Schopflavendel, *Lavandula stoechas,* der allerdings sehr frostempfindlich ist. Die Subspezies *L. stoechas* ssp. *pedunculata* ist wahrscheinlich der am schönsten blühende Lavendel. Der beste Lavendel für die Ölerzeugung ist *Lavandula angustifolia,* aus dem ein Öl gewonnen wird, das nicht durch Kampfer, wie bei den anderen Spezies, verunreinigt ist.

Lavendelöl dient zur Parfümierung zahlreicher kosmetischer Produkte. Es wird in einem Destillationsapparat mit Wasserdampf destilliert, abgezogen und dann ein Jahr lang zur Reifung gelagert, bevor man es mit anderen Ölen vermischt. Bei der Erzeugung des ätherischen Öls werden unvorstellbare Mengen Blüten verarbeitet: für 750 g Öl braucht man 250 kg Blüten. Das Öl kann anschließend für Seifen, Badezusätze, Duftwässer, Hand- und Körperlotionen, Puder und natürlich für das althergebrachte Lavendelwasser verwendet werden.

Es ist nicht schwer, Lavendel zu Hause zu trocknen; am besten bewahrt man den Duft, indem man die Blüten bündelt und bei niedriger Temperatur an der Luft trocknet. Anschließend kann der Lavendel in Pomandern und zur Füllung von Musselinsäckchen verwendet werden, mit denen man Kleidern und Wäsche in Schränken und Schubladen einen angenehmen Duft verleiht. Pur oder mit anderen Kräutern gemischt, ist Lavendel auch für Potpourris geeignet.

Duftender Lavendel säumt den Weg. Um so zu gedeihen, braucht er viel Sonne.

Medizinische Eigenschaften des Lavendel

Seit der Zeit des englischen Pflanzenkenners John Gerard (1545–1612) ist Lavendel medizinisch verwendet worden. Gerard empfahl ihn gegen »Beklemmungen und Leidenschaft des Herzens« und gegen Schwindel. Lavendel war ein Bestandteil der »Beruhigungstropfen«, die in dem englischen Drogenhandbuch offiziell als Heilmittel für Herzjagen anerkannt waren. In der Pflanzenheilkunde wird Lavendel bei der Behandlung von Infektionen und bei der Linderung von Schmerzen eingesetzt. In der Aromatherapie schätzt man ihn als Entspannungsmittel, und angeblich soll er auch ausgezeichnet gegen streßbedingte Kopfschmerzen, Verdauungsstörungen und Reizbarkeit wirken; darüber hinaus sorgt er für friedlichen Schlaf.

Wie Lavendel gezogen wird

Pflanzen Sie junge Pflanzen zwischen Herbst- und Frühjahrsanfang in einen gut durchlässigen Boden in volle Sonne. Um Hecken zu ziehen, setzen Sie die Pflanzen in einem Abstand von 22–30 cm auseinander. Schneiden Sie die alten Blütenköpfe im Spätsommer ab, sofern Sie sie nicht schon früher zum Trocknen geerntet haben. Um ein buschiges Wachstum anzuregen, sollten Sie die Pflanzen zu Beginn des Frühjahrs zurückschneiden. Lavendel muß alle fünf bis acht Jahre ersetzt werden, da er nicht langlebig ist. Zur Vermehrung schneiden Sie im Spätsommer ca. 7 cm lange Stecklinge von den nichtblühenden Trieben und stecken sie in eine Kokosfaser-Sandmischung in einen Vermehrungskasten.

Lavendel kann auch aus Samen gezogen werden. Der Nachteil dabei ist nur, daß sich die Spezies kreuzen und die Klone bei dieser Methode nicht sortenecht ausfallen. *Lavandula* 'Hidcote', eine der besten Lavendelsorten, und *L.* 'Munstead', beides Formen von *L. angustifolia,* lassen sich am besten und einfachsten vegetativ aus Stecklingen vermehren.

ÄTHERISCHE ÖLE UND AROMATHERAPIE

Die Aromatherapie beruht auf der Verwendung ätherischer Öle, die aus Pflanzen gewonnen werden. Ihre Geschichte reicht zurück bis in vorchristliche Zeit, als chinesische, ägyptische, griechische und römische Heilkundige aromatische Öle bei der Behandlung ihrer Patienten einsetzten. Gewonnen wurden diese Öle damals wohl eher durch Aufgüsse als durch Destillation.

Aromatische Öle der alten Völker

Die Geschenke Weihrauch und Myrrhe, von den Heiligen Drei Königen dem Christuskind verehrt, sind ein Beweis für die bedeutende Rolle der Pflanzenaromen im kultischen Bereich. Die Harze der Bäume *Boswellia carteri* und *Commiphora myrrha*, beide in den Halbwüstengebieten Nordostafrikas beheimatet, haben in ihrer Verwendung eine lange Tradition. Weihrauch wurde in Ägypten bei Staatsereignissen verbrannt, und in den Pyramiden hat man Reste von Salben und Ölen gefunden, die Weihrauch enthielten. Die Griechen haben die Verwendung aromatischer Pflanzen von den Ägyptern übernommen; ihnen folgten dann die Araber, die als erste eine Technik entwickelten, ätherische Öle aus den harzigen holzigen Spezies ihrer Heimatländer zu destillieren. Einige Quellen haben diese Entdeckung dem persischen Arzt Avicenna (980–1037) zugeschrieben. Die Wohlgerüche Arabiens waren bei den Kreuzfahrern ebenso begehrt wie die Gewürze des Orients bei den Entdeckern des Fernen Ostens im 17. Jahrhundert. Die Südeuropäer waren unabhängiger von den arabischen Harzen, sie hatten ihre einheimischen aromatischen Pflanzen wie Rosmarin, Lavendel und Thymian. Die daraus gewonnenen Öle wurden von Drogisten und Apothekern an die einfachen Leute verkauft.

Ylang-Ylang ist ein aphrodisisches Öl, das aus den Blüten von Cananga odorata *gewonnen wird.*

Ihre gegenwärtige Popularität verdankt die Aromatherapie fast ausschließlich der Arbeit der beiden Franzosen Gattefosse und Valnet, und so wundert es nicht, daß einige der berühmtesten Aromatherapie-Zentren in Frankreich zu finden sind.

Die Anwendung ätherischer Öle

Aromatherapie basiert großenteils auf Erfahrung, das heißt, die Wirkungen der Öle werden durch Beobachtung ermittelt. Einige Aromatherapeuten verfechten abenteuerlich anmutende Theorien über die Art und Weise, wie die Öle absorbiert werden und dann über Meridiane im Körper heilen. Man muß nicht unbedingt daran glauben, um die Kraft ätherischer Öle am eigenen Leib zu erfahren. Wenn man sie regelmäßig anwendet, sollte man jedoch einen sachkundigen Aromatherapeuten konsultieren, da einige Öle giftig sein können.

Ätherische Öle werden durch die Haut und durch Inhalation aufgenommen. Am häufigsten kommen sie bei Massagen (wo das Öl oder die Ölmischung mit einem neutralen Öl versetzt wird), beim Baden und auch in Cremes, Lotionen und Kompressen zur Anwendung. Viele dieser Öle sind kostspielig, da eine große Menge Pflanzenmaterial erforderlich ist, um einen kleinen Tropfen Öl zu erzeugen. Einige Öle werden auch aus tropischen Spezies gewonnen, vor allem die exotischen, denen man eine aphrodisische Wirkung nachsagt. In unserem gemäßigten Klima können sie nicht im Freien gezogen werden. Eine Reihe anderer Öle stammt aber von Pflanzen, die Sie zu Ihrem eigenen Nutzen und zu Ihrer Freude in einem ›Aromatherapiegarten‹ ziehen können.

ÖLE, DIE IN DER AROMATHERAPIE ANWENDUNG FINDEN

Die folgende Tabelle führt die Öle und den botanischen Namen der Spezies auf, aus denen sie gewonnen werden. Alle, mit Ausnahme der tropischen Spezies, können im Freien gezogen werden. Die mit einem Sternchen versehenen Arten (erste Spalte) sollten Sie aber besser in einem Kalthaus überwintern. Im allgemeinen sind die Aromatherapieöle ungefährlich, vorausgesetzt, sie werden mit einem neutralen Öl vermischt und nicht pur auf die Haut aufgetragen. Beachten Sie aber in jedem Fall die warnenden Hinweise.

Deutscher Name	Botanischer Name	Warnung	Vermeintliche Wirkung
	PFLANZEN GEMÄSSIGTER KLIMAZONEN		
Basilikum	*Ocimum basilicum*	● ■	aufmunternd, anregend
Bergamotte	*Citrus bergamia*	✳	erfrischend, schmerzstillend, gegen Depressionen und Fieber
Duftpelargonie*	*Pelargonium odoratissimum*		erfrischend, entspannend, gegen Depressionen
Estragon*	*Artemisia dracunculus*		wärmend
Eukalyptus	*Eucalyptus globulus*		wärmend, antiseptisch
Kamille	*Chamaemelum nobile*		erfrischend, schmerzstillend
Kiefernadel	*Pinus sylvestris*		erfrischend, antiseptisch
Lavendel	*Lavandula angustifolia*		erfrischend, entspannend, analgetisch, antiseptisch
Majoran	*Origanum majorana*	●	wärmend, analgetisch, entspannend
Melisse	*Melissa officinalis*	■	aufmunternd, gegen Depressionen und Fieber
Muskateller-Salbei	*Salvia sclarea*	●	wärmend, aphrodisisch
Pfefferminze	*Mentha piperita*	● ■	kühlend, anregend
Pomeranze*	*Citrus aurantium*	✳	sehr entspannend, gegen Depressionen, aphrodisisch
Rose	*Rosa centifolia damascena*	●	entspannend, beruhigend, gegen Depressionen, aphrodisisch
Rosmarin	*Rosmarinus officinalis*	● ◆	stärkend, analgetisch, antiseptisch
Thymian	*Thymus vulgaris*	■ ◆	antiseptisch
Wacholder	*Juniperus communis*	●	erfrischend, stimulierend, entgiftend
Zedernholz	*Zedrus atlantica*		beruhigend
Zitrone*	*Citrus limonum*	■ ✳	erfrischend, anregend
Zitronenstrauch*	*Aloysia triphylla*	■ ✳	antiseptisch, insektenvertreibend
Zypresse	*Cupressus sempervirens*		erfrischend; Deodorant
	TROPISCHE PFLANZEN		
Benzoeharz	*Styrax benzoin*		wärmend, entspannend, Husten lösend, wundheilend
Ingwer	*Zingiber officinale*		wärmend, verdauungsfördernd
Jasmin	*Jasminum grandiflorum*		beruhigend, gegen Depressionen, aphrodisisch
Myrrhe	*Commiphora myrrha*	●	kühlend, stärkend, gegen Entzündungen und Pilzerkrankungen
Myrtenheide	*Melaleuca alternifolia*	■	antiseptisch, gegen Viren und Fieber, stärkend
Patschulipflanze	*Pogostemon patchuli*		entspannend
Sandelholzbaum	*Santalum album*		entspannend, gegen Depressionen, antiseptisch, aphrodisisch
Schwarzer Pfeffer	*Piper nigrum*		anregend, wärmend
Weihrauch	*Boswellia carteri*		entspannend, belebend, adstringierend
Ylang-Ylang	*Cananga odorata*		entspannend, aphrodisisch, gegen Depressionen
Zitronengras	*Cymbopogon citratus*	■	stärkend, erfrischend

● nicht während der Schwangerschaft verwenden
■ für empfindliche Haut nicht geeignet
✳ nicht verwenden, wenn die Haut starkem Sonnenlicht ausgesetzt ist
◆ nicht verwenden bei hohem Blutdruck

KRÄUTER ZUR LUFTREINIGUNG

Getrocknete Pflanzen wurden im Mittelalter und während des 16. und 17. Jahrhunderts in vielen Haushalten zur Verbesserung der Luft verwendet, eine Sitte, die sich in unserer Zeit wieder zunehmender Beliebtheit erfreut. Da die gestampften Lehmböden in den einfachen Bauernhäusern oftmals einen unangenehmen erdigen Geruch ausdünsteten, wurden Kräuter ausgestreut, die ihren Duft verströmten, wenn man auf sie trat. Besonders beliebte Duftnoten waren Kamille, Lavendel, Ysop, Salbei, Thymian, Balsamkraut *(Chrysanthemum balsamita)*, Mädesüß, Basilikum, Melisse und duftender Kalmus *Acorus calamus*. Schon John Gerard hat die Gewohnheit, Kräuter auf dem Boden auszustreuen, erwähnt, und bis zu Georg IV. hielten sich englische Könige einen festangestellten ›Kräuterstreuer‹.

Schutz gegen Krankheiten

Zeitweise glaubte man, bestimmte aromatische Kräuter würden vor Krankheiten schützen. Deshalb trugen viele Menschen Raute, Rosmarin und Thymian bei sich, wenn sie auf die Straße gingen, weil sie sich so vor der Pest sicher glaubten; auch Richter hatten nicht selten Kräuter im Talar, um sich nicht bei den Angeklagten anzustecken. In den letzten Jahren haben Aromatherapeuten die keimtötenden Eigenschaften der ätherischen Öle untersucht und festgestellt, daß Zimt, Lavendel, Nelken, Thymian, Rosmarin, Duftpelargonien und das ätherische Öl von Rosenblüten in dieser Hinsicht besonders wirksam sind. Zum Teil mag ihre Wirkung auch darauf beruhen, daß sie Insekten, die Bakterien übertragen, vertreiben.

Rosen wurden in großem Umfang auch in der Parfümerie verarbeitet, insbesondere die Blütenblätter von *Rosa × damascena*, die wahrscheinlich aus dem Mittleren Osten von Kreuzfahrern eingeführt worden ist, und die Blütenblätter von *Rosa gallica* 'Officinalis', die gemeinhin ›Apothekerrose‹ genannt wurde, da sie ihren Duft am längsten bewahrt. Sie wurde sowohl in der Pharmazie als auch in der Parfümindustrie verwendet und ist auch unter dem Namen Provins-Rose bekannt, da sie rings um die Stadt Provins in Frankreich gezogen wurde. Französische Apotheker brauchten die Blüten bei der Herstellung von Rosenwasser, Rosenessig oder Rosenhonigkonserven, die alle therapeutisch eingesetzt wurden.

Duft durch Verdunsten oder Verbrennen

In vielen Bürgerhäusern des 16. Jahrhunderts gab es Kräuter- und Destillierkammern, in denen die Hausfrauen medizinische Produkte für den Haushalt herstellten. Ihr Hauptanliegen war es, ›Duftwässerchen‹ aus destillierten ätherischen Ölen anzufertigen, wie zum Beispiel Rosen-, Veilchen- und Lavendelwasser, mit denen sie ihre Kleider parfümierten oder die sie in den Räumen des Hauses versprühten. Aus Porzellan, Silber oder getrockneten Früchten angefertigte Pomander wurden an Gürteln oder als Halsschmuck getragen, und wer es sich leisten konnte, bewahrte seine Kleidungsstücke in Schubladen oder Truhen, die aus duftenden Hölzern wie Zedern- oder Sandelholz angefertigt waren.

Bevor man erkannte, daß Krankheiten durch Viren und Bakterien verursacht werden, nahm man allgemein an, verdorbene und verpestete Luft könne Krankheiten hervorrufen. Deshalb engagierte man umherziehende Parfumeure, die die Häuser mit duftenden Hölzern (in der Regel mit Wacholder oder schottischer Kiefer) ausräucherten, bevor sie Rosenwasser in der Luft verdunsten ließen. Auch andere Pflanzen wurden für diesen Zweck herangezogen, darunter Alant *Inula conyzae*, Angelika oder die Wurzeln von Rosenwurz *Rhodiola rosea*. Ebenso galt feingemahlener Schnupftabak als Schutz vor der Pest. Mit der desinfizierenden Wirkung von Lavendel-, Zimt-, Nelken- und Bergamottölen, mit denen man den Schnupftabak anfeuchtete, versuchte man die Schutzwirkung noch zu verstärken.

Potpourris

Heute ist der Brauch des Kräuterstreuens in Vergessenheit geraten, aber noch immer werden ätherische Öle zur Luftverbesserung verwendet. Das Äquivalent vieler Praktiken, die einst als Reaktion auf die schlechte Hygiene entstanden, ist das bescheidene Potpourri.

Es gibt viele preiswerte Potpourris auf der Basis von Holzspänen zu kaufen, die mit Duftölen imprägniert worden sind. Für die Herstellung eines echten Potpourri aus Blättern, Blüten und Gewürzen braucht man viel Zeit und genügend Muße, um der Mischung mit der unverzichtbaren Iriswurzel und Salz das richtige Maß an Feuchtigkeit zu verleihen.

EIN REZEPT FÜR EIN ROSENPOTPOURRI

Blütenblätter von 40 stark duftenden Rosen (zum Beispiel Varietäten von Rosa centifolia)
1 Handvoll Lavendelblüten
1 Handvoll Zitronenstrauchblätter
1 Handvoll Minzeblätter
1 Handvoll Blüten von Ringelblumen und Rittersporn (wegen der Farbe)
12 g Lavendelöl
12 g Duftpelargonienöl
2–3 Zimtstangen
25 g gemahlener Muskat
25 g Nelken (ganz)
25 g Koriandersamen
100 g Salz
100 g Iriswurzelpulver

Die Rosenblüten sammeln, wenn keine Feuchtigkeit auf ihnen liegt und in einem gut belüfteten, hellen Raum (nicht in direktem Licht) schnell trocknen lassen. Wenn sie trocken sind, mit Salz in ein luftdicht verschlossenes Gefäß schichten. Täglich schütteln. Die anderen Blätter und Blüten fünf Tage lang trocknen und zu den Rosen geben. Die Öle in das Iriswurzelpulver träufeln und anschließend die Gewürze hinzufügen. Die getrockneten Blüten und Blätter hineingeben und vier Wochen in einer geschlossenen Schale stehenlassen; hin und wieder umrühren. Den Grad der Feuchtigkeit mit mehr Salz (zum Trocknen) oder mehr Iriswurzel (zum Befeuchten) regulieren. Zum Gebrauch das Potpourri in Schalen verteilen. Es kann nach Bedarf mit Rosenöl aufgefrischt werden.

Das Potpourri ist ein modernes Äquivalent zu den im Mittelalter verstreuten Kräutern. Beides dient(e) zur Luftverbesserung in Wohnräumen.

PFLANZEN SPÜREN

Bei manchen Pflanzen macht es einfach Freude, sie anzufassen, und sei es auch nur zu einer bestimmten Zeit, wie im Frühjahr, wenn die Buchen ihre herrlich weichen Blätter entfalten, bevor sie im Lauf des Sommers fest und ledrig werden.

Blätter

Blätter haben erstaunlich viele unterschiedliche Texturen. Einige Pflanzen wie Meerkohl *Crambe* und Federmohn *Macleaya* treiben wächserne Blätter. Andere, zum Beispiel *Canna*, haben große, glatte Blätter, während sich Wasserlilien mit gummiartigen Blättern schmücken.

Im Frühsommer fühlen sich manche Pflanzen, so die feuchtigkeitsliebenden *Rodgersia*-Spezies, fein gepolstert an. Dann gibt es wieder Pflanzen, deren Blätter einfach nur pelzig sind. Beispiele hierfür sind einige Arten der Königskerzen *(Verbascum)*, die schöne, aber frostempfindliche *Buddleja crispa* und *Lavandula lanata (lanata* bedeutet ›wollig‹). Meine beiden besonderen Lieblinge sind *Salvia argentea* und *Pelargonium tomentosum*. Der Salbei ist von der Mitte bis Ende Frühjahr eine wahre Freude, wenn seine runden Blätter mit silbrigweißem Filz behaart sind – ein Schauspiel, das beendet ist, sobald im Frühsommer die Blütenähren aufragen und die Blätter kräftiger und grüner werden. Diese zweijährige Spezies sät sich selbst üppig aus. *Pelargonium tomentosum* bereitet noch eine zusätzliche Freude, da ihre Blätter nicht nur weich sind, sondern beim Berühren auch einen Pfefferminzduft freigeben.

Duftendes Pelargonium tomentosum *fühlt sich weich an.*

Es gibt auch Pflanzen (vor allem in der Sukkulentenfamilie *Aizoaceae*), die sich kalt anfühlen. Dazu zählen diverse Mittagsblumen *(Mesembryanthemum)* und *Carpobrotus edulis*. Diese Pflanzen, im Volksmund treffend ›Eispflanzen‹ genannt, anzufassen kann an einem heißen Tag sehr angenehm sein.

Andere Pflanzen fühlen sich klebrig an oder erzeugen Wachse, um sich in mediterranen Klimaten vor der Sonnenhitze zu schützen. Zistrosen *(Cistus)* sind ein Beispiel für eine Gattung, die nach einer kühlen Nacht ein duftendes Wachs, genannt Labdanum, erzeugt, das gesammelt und als Medizin gegen Bronchitis verwendet werden kann. Die Knospen der meisten *Cistus*-Spezies fühlen sich angenehm an und riechen gut.

Rinden

Die Rinden mancher Bäume sind haptisch äußerst reizvoll. Berühren Sie einmal mit geschlossenen Augen die Rinde der Korkeiche *Quercus suber*. Dieser Mittelmeerbaum, aus dessen Rinde Flaschenkorken hergestellt werden, hat tiefe Risse. Einige der Schlangenhautahorne wie *Acer davidii* ssp. *grosseri, Acer capillipes* oder *Acer davidii* sind interessant anzufassen. Ganz anders ist das Gefühl unter den Händen bei Bäumen, die ihre Rinde abstreifen, wie der Zimtahorn *Acer griseum*, die Lumamyrte *Luma apiculata* oder die Papierbirke *Betula papyrifera*. Oder spüren Sie die seidige Glätte der *Prunus-serrula*-Äste, die wie poliertes Mahagony schimmern und über die die Hand dahingleitet wie über ein fein gearbeitetes Möbelstück.

Blüten und Samenstände

Im Sommer kann es ein großes Vergnügen sein, durch den Garten zu laufen und die Blütenblätter, vor allem die seidig glänzenden, zu berühren, solange sie sich entfalten. Versuchen Sie es einmal mit den Blättern der Hakenlilien *(Crinum)* oder der amerikanischen Korbblütler wie *Coreopsis* oder *Cosmos*. Sogar Dahlienblätter sind eine Freude. Streichen Sie mit der Hand über einen Grashalm, um seine seidige Oberfläche zu erspüren, oder umfassen Sie die vollkommenen Kugeln der *Allium-* oder *Echinops*-Blüten. Legen Sie die Hand auf die flachen Samenstände einer *Achillea filipendulina*.

Samenstände können ausgesprochen fragil sein, und ihre Samen fallen aus, sobald man sie berührt. Sie können schuppig sein wie *Centaurea*-Arten oder merkwürdig papieren wie viele der ›ausdauernden‹ Blüten‹, die man den ganzen Winter über stehenlassen kann.

Manche Pflanzen laden geradezu dazu ein, sie durch Anfassen kennenzulernen – angefangen bei dem immer reizvollen Löwenmäulchen, dessen Blüten dazu auffordern, daß man sie drückt, bis hin zu den Spezies, die bei Berührung ihre Samen wie in einer kleinen Explosion verstreuen. Alle diese Pflanzen, von den Fleißigen Lieschen *(Impatiens)*, deren Samenkapseln zerplatzen, bis hin zum Silberblatt *Lunaria rediviva*, das seine schwarzen Samen zwischen seidigen Membranen festhält, scheinen dazu gemacht, sie zu berühren und dieses Gefühl zu genießen.

Die glatte, sich abschälende Rinde der Papierbirke Betula papyrifera *fordert zum Berühren auf.*

PFLANZEN ZUM ANFASSEN

Botanischer / deutscher Name	Maximale Höhe und Breite	Bemerkungen
Acer capillipes / Schlangenhaut-Ahorn	7,5 × 6 m	gestreifte Rinde
Acer griseum / Zimtahorn	5 × 3 m	abblätternde, sich schälende Rinde; langsamer Wuchs
Achillea filipendulina 'Golden Plate' / Schafgarbe	2 × 1 m	sehr flache Blütenstände; gut geeignet zum Trocknen
Allium giganteum / Riesenlauch	100–150 × 30 cm	dichte kugelförmige Blütenköpfe
Antirrhinum majus / Löwenmäulchen 'Nanum Compactum'	30–60 × 25 cm	lassen sich am besten wie halbwinterharte Einjährige ziehen
Betula papyrifera / Papierbirke	9 × 4,5 m	sich abschälende weiße Rinde
Buddleja crispa / Schmetterlingsstrauch	3 × 2,5 m	weiß behaarte Blätter und Zweige
Canna-Indica-Hybriden / Blumenrohr	150 × 45 cm	bringt satinartige Blätter hervor; nicht winterhart
Centaurea dealbata / Flockenblume, Kornblume	60 × 60 cm	reizvolle Samenstände
Coreopsis tinctoria / Mädchenauge	60–90 × 20 cm	reiche Blüten mit satinartigen Blütenblättern
Cosmos bipinnatus in Sorten / Kosmeen	120 × 45 cm	eine Fülle von Blüten mit satinartigen Blütenblättern; gedeiht am besten in kargem Boden
Crambe maritima / Meerkohl	60 × 90 cm	sehr wächserne, graue Blätter
Crinum × powellii / Hakenlilie	120 × 100 cm	wächserne Blütenblätter; gedeiht am besten in warmen Gärten
Echinops ritro / Kugeldistel	120 × 60 cm	vollkommen kugelförmige Samenstände
Lavandula lanata / Lavendel	60 × 90 cm	wollige Triebe und Blätter; nur für warme Gärten
Macleaya cordata / Federmohn	1,5–2 × 1 m	wächserne Blätter, weiche federartige Blütenköpfe
Quercus suber / Korkeiche	6 × 3,5 m	gefurchte Rinde; Material für Korken
Rodgersia podophylla / Rodgersie	120 × 75 cm	gefaltete junge Blätter; benötigt feuchten Boden
Salvia argentea / Silberblattsalbei	60 × 60 cm	Blätter mit dichter weißer Behaarung; sät sich selbst aus

EIN GARTEN FÜR SEHBEHINDERTE

Menschen mit extremer Sehschwäche wollen wie die meisten Behinderten an Lebensbereichen teilhaben, die für andere selbstverständlich sind. Das gilt auch für das Gärtnern und das Besuchen von Gärten.

Grundlegende Verbesserungen

Es gibt viele praktische Möglichkeiten, wie Sehbehinderten dazu verholfen werden kann, selbst zu Gärtnern, oder wie man ihnen den Zutritt zu Gärten erleichtern kann. Gartenarbeit wäre damit nicht nur als vergnügliche, sondern zugleich als therapeutische Tätigkeit zu verstehen. Viele Sehbehinderte sind zum Beispiel in der Lage, Werkzeuge und Töpfe zu erkennen, die gelb angemalt sind. (Das ist auch der Grund für die gelbe Farbe internationaler Warnsignale: sie können auch bei schlechten Licht- und Sichtverhältnissen gesehen werden.) Um junge Pflanzen besser unterscheiden zu können, braucht man sie nur in unterschiedlich geformte Töpfe zu setzen. Pflanzennamen können in Blindenschrift auf selbstklebendes Plastikband gedruckt und auf normale Pflanzenetiketten oder auf dauerhafte Metalletiketten geklebt werden.

Wenn Sie für einen Sehbehinderten einen Privatgarten planen oder den Besuch eines Gartens, der häufig von Blinden aufgesucht wird, erleichtern wollen, müssen Sie mehrere Punkte berücksichtigen. Menschen, die Blindenstöcke benutzen, sind auf tastbare Wegbegrenzungen angewiesen. Diese Bordsteine müssen so kenntlich sein, daß andere Menschen, die sie vielleicht nicht erwarten, nicht darüber stolpern. Eine andere Möglichkeit wäre es, ein Seil in Handhöhe anzubringen, dem der Sehbehinderte wie einem Ariadnefaden durch den Garten folgen kann. Stufen können durch flache Rampen ersetzt und Höhenwechsel durch unterschiedliches Pflastermaterial, das durch die Schuhsohlen spürbar ist, angezeigt werden.

Bepflanzung zum Anfassen, Schmecken, Hören und Riechen

Es gibt viele Pflanzen, die geeignet sind, durch Reize unseres Geruchs-, Gehör-, Tast- und Geschmackssinns Freude zu wecken. Um ein ungetrübtes Vergnügen am Berühren der Pflanzen zu gewährleisten, ist es selbstverständlich, daß alle dornigen Gewächse oder solche, die allergische Reaktionen hervorrufen könnten (wie zum Beispiel die Raute), vermieden werden. Der Blinde muß sicher sein, Pflanzen gefahrlos berühren und untersuchen zu können. Die Pflanzengruppen sollten auch groß genug sein, um leichte Beschädigungen verkraften zu können. Wählen Sie Pflanzen mit pelzigen Blättern, zum Beispiel *Stachys byzantina*, und vor allem die große Palette aromatischer Kräuter und Pelargonien mit duftenden Blättern, die ihren Duft ausströmen, sobald sie nur berührt werden. Da die meisten dieser Pflanzen relativ niedrig bleiben, sollten Sie erhöhte Beete anlegen, damit sie leicht erreichbar sind. Um ein solches Beet kann ein Führungsseil befestigt sein, das auch Etiketten in Blindenschrift trägt, die zur Berührung der Pflanzen anregen und beschreiben, welche Pflanzen in welchem Monat erlebt werden können. Auch Pflanzen, die man gefahrlos schmecken kann, zum Beispiel die Küchenkräuter, werden in erhöhten Beeten präsentiert und wie beschrieben ausgeschildert.

Viele Blindengärten sind zur besonderen Freude der Behinderten mit duftenden Spezies bepflanzt. Es ist wichtig, daß ein solcher Garten geschützt und warm ist, damit die Düfte eingefangen und bewahrt werden. Pflanzen Sie in großen Mengen, insbesondere in der Nähe von Sitzplätzen, damit die Chance, daß sich der Duft hält, noch größer wird. Achten Sie auch darauf, Spezies für die Monate und die Tageszeiten auszuwählen, an denen der Garten am stärksten frequentiert wird. Es hat wenig Sinn, Spezies zu pflanzen, die in der Nacht ihren Duft entfalten, wenn der Garten nur selten nach der Dämmerung aufgesucht wird. Setzen Sie sie statt dessen an ein in einer warmen Nacht gewöhnlich offenes Schlafzimmerfenster.

Sorgen Sie für Singvögel in einem solchen Garten, indem Sie genügend Futterhäuschen und Nistkästen verteilen, und setzen Sie Pflanzen, die Vögeln als Nahrungsquelle dienen (siehe Tabelle auf Seite 145). Denken Sie auch an eine sichere Wasserstelle. Hier bietet sich zum Beispiel der auf Seite 100 beschriebene Springbrunnen mit verschlossenem Wasserbehälter an. Das murmelnde Geräusch des Wassers macht noch zusätzlich Freude.

Die Fontäne mit geschlossenem Wasserreservoir birgt keine Gefahr für Blinde, die sich an den Geländern vorbeitasten, auf denen Schilder mit Pflanzennamen in Blindenschrift angebracht sind.

STARK DUFTENDE PFLANZEN

Botanischer Name	Maximale Höhe und Breite	Bemerkungen
Daphne odora 'Aureo Marginata'	180 × 180 cm	Duft trägt weit
Dianthus 'Mrs Sinkins'	30 × 45 cm	alle paar Jahre durch jüngere Pflanzen ersetzen
Heliotropium, Sorten	30 × 30 cm	duftet nach gebackenem Kirschauflauf
Hyacinthus orientalis, Sorten	23 × 20 cm	in großen Mengen pflanzen
Lilium regale	120 × 23 cm	Lilie mit bestem Duft
Lonicera japonica 'Halliana'	6–9 × 6 m	Geißblatt mit dem süßesten Duft
Nicotiana alata	100 × 30 cm	in großen Mengen pflanzen; duftet am Abend
Philadelphus, Sorten	von 60 × 60 cm bis 3 × 2,5 m	wunderbare Blüten, aber nur von kurzer Dauer
Rosa 'Comte de Chambord'	120 × 100 cm	betäubender Duft
Rosmarinus officinalis	120 × 100 cm	zum Anfassen
Syringa vulgaris, Sorten	3,5 × 3 m	herrliche Blüten, aber nur von kurzer Dauer

PFLANZENPRÄPARATE FÜR EIN GESTEIGERTES WOHLBEFINDEN

Es gibt viele Pflegepräparate, deren pflanzliche Inhaltsstoffe so abgestimmt sind, daß sie das Gefühl eines natürlichen Wohlbefindens erzeugen. Einige davon werden in der allgemeinen Aromatherapie (siehe Seite 110) und andere bei Massagen oder Gesichts- und Schönheitsbehandlungen verschiedenster Art verwendet.

Massage

Einmassiert in die Haut, stimulieren ätherische Öle offenbar die Regeneration und Heilung der Zellen. Dazu verdünnt man die ätherischen mit einem pflanzlichen Öl, um Hautreizungen zu vermeiden. Besonders geeignet sind Mandel-, Sonnenblumen-, Traubenkern- oder Pfirsichkernöl, dem wenige Tropfen eines dreiprozentigen ätherischen Öls zugesetzt werden. Eine Massage wärmt die Haut, wodurch das Öl besser einzieht – ein Prozeß, der mindestens zehn Minuten, aber auch mehr als eine Stunde in Anspruch nehmen kann. Sie fördert die Durchblutung, und das kräftig stimulierte Lymphsystem trägt dazu bei, daß die Gifte (insbesondere Milchsäure) ausgeschieden werden, die sich in den Muskeln aufgebaut haben und wohlbekannte Steifheit und Schmerzen verursachen. Milchsäure bildet sich nach körperlicher Anstrengung ebenso wie nach einseitiger Belastung der Muskulatur, und deshalb brauchen Büroangestellte eine Massage ebenso nötig wie Leistungssportler.

Massage verbindet uns auch wieder durch Berührung mit anderen Menschen, und allein darin liegt eine Kraft, die Spannung abbaut, menschliche Beziehungen herstellt, Selbstachtung verstärkt, kurz all dies in Gang setzt, was die Begriffe ›Heilung durch Berührung‹ oder ›Auflegen der Hände‹ Positives implizieren.

Viele Pflanzenöle, wie Mandel- oder Aprikosenkernöl, enthalten Vitamine, die von der Haut aufgenommen werden können. So fördern die Vitamine E und F im Mandelöl das Wachstum der Nägel, und das Vitamin A im Aprikosenkernöl erweicht die Hornhaut an den Füßen. Lotionen, die kühlendes Pfefferminzöl enthalten, bringen Linderung bei schmerzenden Füßen.

Weitere nützliche Pflanzenprodukte für eine Massage sind Sisalbürsten oder Luffaschwämme. Mit den getrockneten fibrösen Überresten von *Luffa cylindrica,* einer Verwandten der Gurke, lassen sich beim Baden oder Duschen abgestorbene Hautpartikel entfernen, wobei zugleich die Durchblutung gefördert und die Drainage des lymphatischen Systems angeregt wird. Bürsten Sie die Arme von unten nach oben, vom Hals und den Schultern hinunter zu

Aus Aprikosenkernen wird eines der besten Massageöle gewonnen, das reich ist an Vitamin C.

Rücken und Bauch, und beginnen Sie dann noch einmal an den Zehen und bürsten Sie hinauf über Beine und Schenkel. Auf diese Weise arbeiten Sie aufs Herz zu – ein wesentliches Merkmal einer guten Massagetechnik. Waschen Sie anschließend Luffaschwämme und Sisalprodukte immer in warmem und dann kaltem Wasser gründlich aus, um zu vermeiden, daß sie sich zu schnell abnutzen und unansehnlich werden.

Sich am Ende des Tages mit Pflanzenölen und Düften zu verwöhnen kann ein wirklich angenehmer Weg sein, die Verbindung zur natürlichen Welt herzustellen.

EINE PFEFFERMINZ-FUSSMASSAGE

Füllen Sie etwas geruchloses Massageöl in eine Schale und rühren Sie zwei Tropfen Pfefferminzöl ein. Behandeln Sie mit diesem Öl einen Fuß nach dem anderen. Beginnen Sie mit dem Massieren der Zehen. Ziehen Sie sie etwas lang und drehen Sie sie, einen nach dem anderen. Massieren Sie anschließend mit der ganzen Hand den Fuß von den Zehen hinauf bis zu den Knöcheln. Anschließend massieren Sie den Fußballen bis hinauf zum Spann, dann die Ferse und bis hinauf zu den Knöcheln. Zum Abschluß massieren Sie mit beiden Händen den ganzen Fuß von den Zehen bis zu den Knöcheln in sanften, gleichmäßigen Streichbewegungen. Achten Sie darauf, wie das Blut zirkuliert, obwohl sich die Haut kühler anfühlt. Wiederholen Sie den Vorgang mit dem anderen Fuß.

Mentha piperita *liefert das Pfefferminzöl.*

GESICHTSBEHANDLUNG VOR DEM SCHLAFENGEHEN

Entfernen Sie alles Make-up und wärmen Sie ihre Haut, indem Sie ihr Gesicht fünf Minuten lang über eine Schüssel kochendes Wasser halten. Bedecken Sie Ihren Kopf mit einem Tuch, damit der Dampf nicht entweichen kann. Trocknen Sie Ihr Gesicht ab, und massieren Sie es anschließend mit Weizenkeimöl, in das Sie je zwei Tropfen dreiprozentiges Lavendel- und Rosenöl gegeben haben. Massieren Sie mit den Fingern beider Hände Ihr Gesicht, indem Sie vom Nasenrücken über und unter den Augen nach außen über die Stirn und Jochbeine und vom Kinn nach außen entlang der Kinnbacken streichen. Zum Abschluß massieren Sie mit den Handflächen den Nacken von oben hinab zu den Schultern und zum Rücken. Lassen Sie die Arme sinken, strecken Sie sich gerade aus und schließen Sie die Augen.

Die Blütenblätter der Rosa centifolia *werden geerntet, um daraus Rosenöl zu gewinnen.*

EIN LINDERNDES GESICHTSDAMPFBAD

Füllen Sie eine Schüssel mit kochendem Wasser, und fügen Sie fünf Tropfen Pfefferminzöl dazu. Bedecken Sie Ihren Kopf mit einem Tuch, lehnen Sie sich über das Wasser, inhalieren Sie den Dampf, und fühlen Sie, wie er sich kühlend auf Ihrem Gesicht ausbreitet. Hinweis: Wenn Sie homöopathische Arzneien einnehmen, ist das Gesichtsbad nicht angezeigt, da Pfefferminzöl ihnen entgegenwirken soll.

4. KAPITEL

DEN GEIST ENTSPANNEN

Die Suche nach dem Paradies

Die ganze Menschheitsgeschichte hindurch hat der Garten auf der Suche nach dem Paradies einen zentralen Platz eingenommen: Das Motiv des Gartens ist in den meisten großen Weltreligionen verankert. Unsere Gärten sind Zufluchtsstätten ähnlicher Art – Orte der Erholung, des Wachsens, des Wandelns und des Friedens. In Abweichung von der Natur sind unsere Gärten menschliche Schöpfungen, durch die wir unsere persönlichen Bedürfnisse nach einem Zufluchtsort ausdrücken. Der Garten kann ein Ort der Selbstverwirklichung sein, der vielleicht für jeden Menschen einzigartig ist – ein nach seinen individuellen Bedürfnissen geformter Ort, wo er tätig ist oder sich entspannt. Wenn Ihr Leben von Terminen und den Forderungen anderer beherrscht wird, bietet der Garten die Möglichkeit, sich einen eigenen Lebensraum, ein eigenes Stückchen Paradies zu schaffen. Bei der Gestaltung eines Gartens als Spiegel der Persönlichkeit kann es hilfreich sein, die traditionellen Formen der Gartenkunst nach Anregungen zu durchforsten und in der Betrachtung zu lernen, mit welchen Mitteln man romantische, wilde, exzentrische oder bizarre Wirkungen hervorruft.

Der Respekt, den die Japaner der Natur entgegenbringen, drückt sich in ihren Gärten aus – es sind Orte der Ruhe und der Spiegelungen und oft auch symbolträchtiger spiritueller Reisen.

PFLANZEN MIT TRADITION UND SYMBOLGEHALT

Einige Blumen sind in der religiösen Kunst Symbole für Reinheit und Frieden, während andere Tiere anlocken wie in den Garten Eden. Bäume und Sträucher, die in der Geschichte der Gartengestaltung eine Rolle gespielt haben, können uns daran erinnern, in welcher Weise Gärten Spiegel der sozialen und psychischen Bedürfnisse ihrer Zeit wie auch unserer Tage sind. Hier ist eine Auswahl solcher Pflanzen.

1. Die Rebe *Vitis vinifera* gilt als Quelle der Früchte. Pflanzen Sie die Rebe im Herbst, und schneiden Sie die Triebe zurück, um einen guten Ertrag zu erzielen.
2. Die Madonnenlilie *Lilium candidum* steht in der christlichen Kunst für die Reinheit der Muttergottes. Pflanzen Sie die Zwiebeln zwischen Herbst und Frühjahr.
3. Der Schmetterlingsstrauch oder Sommerflieder *Buddleja davidii* und seine Sorten blühen üppig und locken im Spätsommer eine große Vielfalt von Schmetterlingen an. Schneiden Sie ihn im Frühjahr kräftig zurück, damit er an den Triebspitzen des nachfolgenden Sommers Blüten hervorbringt.
4. Der gewöhnliche Buchsbaum *Buxus sempervirens* ist eine Spezies, die der Luftverschmutzung standhält und sich gut in Form schneiden läßt. Beschneiden Sie ihn im Spätsommer.
5. Die englische Eibe *Taxus baccata* kann in strenge Formen mit scharfen Kanten geschnitten werden. Widmen Sie sich dieser Arbeit im Spätsommer.
6. Die Eberesche *Sorbus hupehensis* setzt weiße Früchte an, die bei Vögeln sehr gefragt sind. Darüber hinaus färbt sie sich im Herbst wunderbar rot.
7. Der Lorbeer *Laurus nobilis* kann in eine gleichmäßige Kugelform geschnitten werden. Erledigen Sie diese Arbeit mitten im Hochsommer mit einer Baumschere.

DER GEHEIME GARTEN

Die Idee eines verborgenen, umfriedeten Gartens in aller Abgeschiedenheit, der eine geheimnisvolle Einsamkeit und Erquickung bietet, ist seit vorbiblischer Zeit in vielen Kulturen präsent und scheint eine starke emotionale Anziehungskraft zu besitzen.

Manchen von uns mag die Formulierung ›Der geheime Garten‹ an das Kinderbuch gleichen Titels (›The Secret Garden‹) von Frances Hodgson Burnett erinnern. Die Geschichte erzählt von einem Garten der Freude, der sich in einen Garten der Trauer verwandelt, als eine geliebte Frau von einer Schaukel fällt, weil ein Ast bricht, und dabei zu Tode kommt. Der Garten wird verschlossen und vernachlässigt, bis er durch Zufall wiederentdeckt wird. Er wird zu einer Quelle der Freude und bringt der behinderten und kränklichen Tochter des Besitzers Heilung. Auf Drängen der Tochter, dem Garten wieder seine ehemalige Schönheit zu verleihen, überwindet der Vater seinen Kummer. Der Garten erblüht erneut in voller Pracht, und das Mädchen wird wieder ganz gesund.

Dieses eindrucksvolle Bild eines geliebten Gartens, der verlorengeht und wiedergefunden wird, ist eine Nacherzählung der biblischen Geschichte vom Verlust Edens und dem Wunsch, das Paradies wiederzufinden. Aber es ist nicht nur ein christliches Bild. ›Paradies‹ leitet sich aus dem persischen ›pairidaeza‹ ab, was Einfriedung bedeutet, und in der islamischen Welt verspricht der Koran den Gläubigen, daß »die Gärten des Paradieses ihnen Aufnahme gewähren werden, daß sie dort immer verweilen können und sie niemals den Wunsch haben werden, sie zu verlassen«. Islamische Gärten waren ruhige und kühle Zufluchtsstätten in einer heißen und staubigen Landschaft – Orte der Heilung und wie Oasen immer voll von Wasser, der Quelle des Lebens. Sie waren eine Vision des Himmelreichs, und hielt man sich in einem solchen Garten auf, bekam man einen Vorgeschmack von den Freuden, die einen im Paradies erwarten.

Die Idee eines umschlossenen, quadratischen Gartens mit einem Teich in der Mitte erscheint auch in den Mandalas der Buddhisten. Sie waren als Werkzeuge der Meditation gedacht; sie sollten die Konzentration des Ich erleichtern und alle Energien in das ruhige Zentrum auf der Achse des sich im Kreise drehenden Universums richten – auf den Punkt, aus dem alle Schöpfung entspringt.

Bis zum Ende des Mittelalters hatte sich in der christlichen Kunst eine eigene Deutung des umschlossenen Gartens herausgebildet. Der ›Hortus conclusus‹ war ein geheimnisvoller Garten, der eng mit der Heiligen Jungfrau verbunden war. Der Garten repräsentierte ihre jungfräuliche Reinheit und seine Blumen und Früchte das Blühen ihrer Jungfräulichkeit. Er war das wiedergefundene Paradies gegenüber dem verlorenen Eden und stellte die Erlösung dar. Solche Gärten waren oft Rosengärten; sie hatten einen Brunnen oder eine Quelle und schattenspendende Lauben und waren immer eingefriedet, in der Regel von einer Mauer, manchmal von einer Hecke. Gelegentlich waren es Hofgärten, insbesondere in Klöstern, in denen die Gärten immer als Innenräume konzipiert waren.

Im 15. Jahrhundert lieferte die Renaissance ihre Interpretation des geheimnisvollen Gartens, des Giardino segreto. Diese Gärten dienten dem betrachtenden Alleinsein und lagen für sich, waren aber weniger streng eingefriedet. Die meisten Villengärten waren auf den Hügeln oberhalb der heißen (und verpesteten) Städte wie Florenz angelegt, und ein Teil ihres Zaubers beruhte auf den schönen Ausblicken und den kühlen Winden, die sie durchwehten. Der Giardino segreto der Villa Medici bietet einen Blick über Florenz, während eine erhöhte Aussichtsterrasse an einem Ende des Giardino segreto der Villa Gamberaia den Blick in die florentinische Hügellandschaft freigibt. Die Giardini segreti der Frascativillen waren prächtig ausgestattet, hielten aber immer an dem Konzept eines vorwiegend umschlossenen ›Gartens im Garten‹ fest.

Noch heute findet die Idee eines geheimnisvollen Zufluchtsortes großen Anklang. Vielleicht beruht das in unserer überfüllten Gesellschaft auf einem starken Bedürfnis nach Alleinsein. Die meisten Gärtner haben das Gefühl, daß der Garten am Abend, wenn sie allein sind, ›ihr‹ Garten wird, als ob die Pflanzen in der Stille zu ihnen sprächen, vor allem, wenn sie sich von der Hitze des Tages erholten. Das alles sind sicherlich Bilder von Erneuerung, Erholung und Heilung.

›Jardins secrets‹ sind umschlossene, private Orte – symbolischer Ausdruck des Ich. Solche Gärten haben in der Regel ein Tor oder eine Tür: der Zugang gelingt nur mit dem passenden Schlüssel.

GESTALTETE NATUR UND NATÜRLICHE GESTALTUNG

In den modernen Hausgärten kann die Planung wichtiger Ausdruck dafür sein, wie wir die natürliche Welt ansehen und wie wir mit ihr in Beziehung treten wollen. So kann sie Ausdruck unserer Persönlichkeit im heilenden Sinn sein, da sie uns die Möglichkeit gibt, einen lebendigen Raum nach unseren Vorstellungen zu schaffen.

Der streng gegliederte Garten

Die verschiedenen Stilrichtungen der Gartengestaltung sollten einerseits eine nationale Identität widerspiegeln, andererseits aber auch die individuelle Beziehung der Menschen zur Natur zeigen. Nehmen wir zum Beispiel den Wunsch, die Natur zu kontrollieren. Die großen holländischen und französischen Gärten des 17. Jahrhunderts mit ihren komplizierten Parterres, den langen Alleen, den beschnittenen immergrünen Gehölzen und der perfekten Symmetrie drücken eine völlige Kontrolle über die Natur aus. In Frankreich wurde diese Form der Gartengestaltung zu einem Symbol absolutistischer Herrschaft.

Der intime, geometrisch gegliederte Garten scheint von Menschen bevorzugt zu werden, die Ordnung, Muster und Ausgewogenheit lieben. Zum Teil ist das eine Frage der Mode (zweifellos wird strenge Gartengestaltung heute wieder neu entdeckt), aber auch eine Frage des persönlichen Geschmacks. Nichts, was wächst, darf außer Kontrolle geraten. In Form geschnittene Gehölze bilden oft die einzigen vertikalen Elemente in einem Garten, der überwiegend als horizontales Muster angelegt ist.

Der zwanglos gestaltete Garten

Für andere Menschen manifestiert sich das Wesen der Natur gerade darin, daß sie sich der Kontrolle entzieht, und entsprechend sagt ihnen die Idee eines ›wilden‹ Gartens mehr zu. In England entwickelte sich aus dem Widerstand gegen die viktorianischen Teppichbeete, der von William Robinson und Gertrude Jekyll Anfang des 20. Jahrhunderts angeführt wurde, eine neue, einfühlsamere Art in der Gartengestaltung.

Im Cottage-Garten herrscht das Chaos. Die Pflanzen dürfen sich darin nach Lust und Laune selbst aussäen.

Zwanglos angelegte Gärten, oft als romantisch verwildert bezeichnet, sind nicht selten Schöpfungen sachkundiger Pflanzenkenner. Die Gestaltung läßt ein starkes Gefühl für die Individualität einzelner Pflanzen, für ihre Form, ihren Habitus erkennen und für die Freude, die sie damit schenken können, daß sie einfach sie selbst sind. Nach dieser Ideologie gebührt jenen Gärtnern größtes Lob, die einen Garten schaffen, der sich gerade an der Grenze bewegt, wo er außer Kontrolle geraten könnte. Manche Pflanzen dürfen sich mehr oder weniger selbst aussäen, der Gärtner greift nur sehr zurückhaltend ein und läßt den Garten sich frei entwickeln. Das ist nicht einfach, kann aber durch zufällig entstandene schöne Pflanzenkombinationen zu wunderbaren Ergebnissen führen.

Romantische Gärten werden oft als geheimnisvolle, private und besondere Orte konzipiert, an denen man ungestört mit der Natur kommunizieren kann. In einem großen Garten lassen sich solche Orte schaffen, indem man das Areal durch Hecken oder Mauern in eine Reihe von Abteilungen oder sogenannte ›Gartenräume‹ aufteilt. Der Reiz dieser Gärten liegt nicht zuletzt in den planvollen Überraschungseffekten, die man beim Durchgang erlebt. Heckengärten können zum Ausdruck bringen, in welchem Maße wir von unserer Umgebung eingeschlossen zu sein wünschen. Wie mittelalterliche Klostergärten sind sie im wesentlichen nach innen gerichtet.

Menschen, die nicht gern eingeschlossen sein möchten und sich ziemlich unwohl fühlen, wenn sie von Hecken und Zäunen umgeben sind, planen dagegen oft Gärten mit Ausblicken. Im 18. Jahrhundert wurden Ausblicke mit Hilfe eines ›Aha‹ geschaffen, eines Grabens mit versenktem Zaun oder mit Kanal, der wohl dafür sorgte, daß das Vieh oder andere Eindringlinge nicht in den Garten gelangen konnten, aber den Eindruck unbegrenzter Weite nicht gefährdete. Gärten mit einbezogenem Ausblick verraten etwas von unserem Verhältnis zur Außenwelt, jenem Teil des Raumes, den wir sehen können, der aber jenseits unseres Einflußbereichs liegt.

EIN STRENG GEGLIEDERTER GARTEN

Ein streng gegliederter Garten ist in ein meist symmetrisches Muster von Beeten unterteilt, und die Wege gehorchen mehr den Regeln der Geometrie, als daß sie die unregelmäßig verlaufenden Konturen der Natur nachahmten. Alle frühen Gärten waren streng gestaltet aus dem einfachen Grund, weil sie die praktische Funktion hatten, Gemüse für die Küche, Heilpflanzen für medizinische Zwecke oder Obst für den Tisch zu erzeugen. Das gleichförmige Muster der Wege (sie verliefen oft in Quadraten) erleichterte überall den Zugang, und die in der Regel ein wenig erhöhten Beete vereinfachten die Ernte.

Dieses Konzept läßt sich gut auf gegenwärtige Raumsituationen übertragen, da die strenge Gliederung den heutigen Größenverhältnissen und insbesondere dem meist rechtwinkligen Verlauf von Gartengrundstücken entgegenkommt. Es eignet sich besonders gut für ummauerte Gärten.

Entwurf eines kleinen geometrischen Gartens

Zunächst müssen Sie Ihr Grundstück ausmessen (es gibt spezielle Maßbänder mit 30 m Länge) und die Maße auf Millimeterpapier übertragen, auf dem Sie dann den endgültigen Entwurf genau einzeichnen können. Messen Sie als Grundlinie die längste ununterbrochene Linie aus, die Sie auf Ihrem Grundstück markieren können. Von dieser Linie gehen Sie bei allen weiteren Abmessungen aus. Den Standort vorhandener Bäume und anderer Elemente, die Sie stehen lassen möchten, können Sie auf Ihrem Plan genau einzeichnen, indem Sie von zwei Punkten aus messen und mit einem Zirkel sich schneidende Bögen beschreiben, um den genauen Standort zu bestimmen.

Dieser kleine geometrische Garten beherbergt eine Fülle krautiger Pflanzen in akkuraten Beeten, die von niedrigen Buchshecken eingefaßt sind.

Um eventuelle Bodenunebenheiten des Grundstückes auszugleichen, schlagen Sie in kurzer Entfernung von dem für Sie maßgebenden Niveau – vielleicht die Stufe vor der Gartentür – einen Holzpflock in die Erde. Legen Sie auf Stufe und Holzpflock eine Latte, und überprüfen Sie mit einer Wasserwaage, ob der Holzpflock die richtige Höhe hat. Mit weiteren Holzpflöcken tarieren Sie nun das ganze Grundstück aus. Wenn Sie die Differenz zwischen dem geplanten Niveau und der gegenwärtigen Bodenhöhe abmessen, können Sie ersehen, wieviel Erde, Steine usw. Sie benötigen, um eine einheitliche Höhe zu erzielen. Die Ergebnisse übertragen Sie auf einen Plan im Maßstab 1 : 50 oder 1 : 100 (je nach Grundstücksgröße); zeichnen Sie auch einen Querschnitt mit den Höhenunterschieden.

Versuchen Sie nun, auf Ihrem Grundriß einen Plan zu entwerfen, der Ihrem Auge zusagt und die richtige Mischung von Gebautem (Wegen usw.) und Beeten aufweist. Überlegen Sie sich, welche Art Muster die Beete bilden sollen (vor allem, wenn der Garten von oben betrachtet werden kann) und wie man in den Garten gelangen und ihn durchwandern soll. Wenn Sie Sitzplätze, Lauben, Terrakottatöpfe, Statuen oder andere Elemente einfügen wollen, die den Grundplan in irgendeiner Weise beeinflussen, sollten Sie überlegen, ob Sie sie symmetrisch oder als abschließende Elemente kurzer Blickachsen im Garten plazieren wollen. Achten Sie darauf, daß Sie genügend Platz zum Sitzen haben und sich so frei um die Schmuckelemente bewegen können, daß sie kein Hindernis darstellen.

Die Wege

Die leblosen, gebauten Bestandteile des Gartens bilden seine Struktur. Wenn man auch, vor allem in einem streng gestalteten Garten, die Anlage durch in Form geschnittene Pflanzen betonen kann, so bleibt doch ein symmetrisch angeordnetes Pflaster aus einem Material, das für diesen Zweck geeignet ist, erforderlich. Jedes Pflaster muß auf einem ca. 8 cm dicken, harten Fundament, das mit einer Sandschicht bedeckt wird, verlegt werden, denn nur eine stabile, sichere Unterlage garantiert ein gleichmäßig ebenes Pflaster.

Wenn Sie Ziegel verarbeiten wollen, müssen Sie wasserbeständige auswählen, die für den Gebrauch im Freien gedacht sind. Ziegel lassen sich in einer Vielfalt von Mustern verlegen, die in einem streng gestalteten Garten sehr reizvoll aussehen können.

Kieswege sind zwar preiswerter, müssen aber gut verlegt werden. Legen Sie zuerst ein ca. 8 cm dickes Steinfundament, verteilen Sie darauf zunächst eine Schicht groben Kies, dann eine 3–4 cm dicke Schicht trockenen, gesiebten Kies. Rollen Sie ihn mit einer schweren Walze aus und breiten darauf den abschließenden Kiesbelag aus. Ein fachmännisch angelegter Kiesweg hält viele Jahre.

Die Bepflanzung

Beginnen Sie die Bepflanzung mit den Schnitthecken. Wählen Sie dafür immergrüne Arten wie Buchs oder Eiben; aber auch Buchen, die ihre braun gewordenen Blätter im Winter behalten, bilden eine interessante Hecke, ebenso wie laubabwerfende Weißbuchen. Pflanzen Sie sie in einem Abstand von 60 cm versetzt in doppelter Reihe, damit eine dichte, geschlossene Hecke entsteht. Schneiden Sie immergrüne Hecken zwischen Frühsommer und Herbst, laubabwerfende dagegen im Winter. Buchshecken als Beeteinfassung sind auf Seite 131 beschrieben.

Wenn Ihr Platz für Hecken nicht ausreicht, Sie aber dennoch eine strenge Atmosphäre mit vertikalen Akzenten schaffen wollen, bieten sich Rankgitter als Einfassung, Rankbögen als architektonische Elemente oder auch niedrige, aus Eisen angefertigte Beetränder an. Alle diese Elemente beanspruchen kaum Platz, erzeugen aber das Gefühl einer strengen Umschlossenheit. Die Gitter werden an Pfählen befestigt, die im Boden einzementiert werden müssen. Damit die Pfosten nicht faulen, empfiehlt es sich, sie mit feuerverzinkten Metallfüßen zu versehen.

Vielleicht möchten Sie formale Elemente oder Pflanzenvarietäten verwenden, die schon in den historischen streng gestalteten Gärten beliebt waren. Diese Dinge zu erforschen kann eine faszinierende Beschäftigung an langen Winterabenden sein.

Bei der Bepflanzung der Beete sollten Sie darauf achten, daß die von Ihnen ausgewählten Pflanzen nicht mit zu üppigem Wuchs die strenge Gestalt des Gartens verdecken. Da der Charme des kleinen geometrischen Gartens zum Teil auf seiner Struktur beruht, sollte die Bepflanzung eher ergänzend als dominierend sein.

VILLANDRY

Die Kunst der streng geometrischen Gartengestaltung hat zweifellos im Frankreich des 17. Jahrhunderts ihre Blütezeit erlebt. Wenn diese Gärten auch Ausmaße hatten, die den Repräsentationsansprüchen ihrer fürstlichen und königlichen Besitzer gerecht werden mußten, so bieten sie doch genügend Anregungen für weniger feudale Verhältnisse. Viele Elemente des Gemüsegartens, des Potager, in Villandry im Loiretal zum Beispiel können in einen modernen Gemüsegarten übernommen werden. Der Potager in Villandry besteht aus neun Quadraten, die wie ein großes mit Buchs eingefaßtes Parterre angelegt sind. Jedes Quadrat wird von niedrigen Gitterwänden gerahmt, die mit Spalieräpfeln und -pfirsichen bewachsen sind. Hochstammrosen (sie sollen die Mönche symbolisieren, die den Garten bearbeiten) und mit Kletterrosen bewachsene Lauben aus Gitterwerk an den Hauptkreuzungen bilden vertikale Akzente. Vom Dach des Schlosses aus wirkt die Anlage wie ein gemusterter Teppich, und es wird deutlich, daß streng gestaltete Gärten auch auf Aufsicht konzipiert sind. Wie jeder gute Gemüsegarten wird auch der Potager im Rotationsverfahren bewirtschaftet. Zur Zierde sind einzelne Kompartimente blühenden Pflanzen und farbenprächtigen Gemüsen wie Mangold und Zierkohl vorbehalten.

Auf diesem Foto des Potager von Villandry kann man die unterschiedlichen Grüntöne der Gemüse und die farbenprächtigen Akzente der Blumen gut erkennen.

ARS TOPIARIA – GEFORMTE PFLANZEN

Ars topiaria ist die Kunst, immergrüne Gehölze in dekorative Formen zu ziehen und zu schneiden. Diese traditionelle Kunst wurde zuerst von den Römern angewendet, erreichte ihren Höhepunkt aber in Gärten der italienischen Renaissance, in den französischen Barockgärten des 17. Jahrhunderts und besonders in den Niederlanden, von wo aus die Mode die Britischen Inseln erreichte.

Die meisten Leute denken zunächst an die Merkwürdigkeiten dieser Kunst – an Pfauen, Lokomotiven und andere bizarre Formen, wie sie in Cottage-Gärten häufig zu sehen sind. Doch mit dieser beinah künstlerischen Technik des Gehölzschnitts lassen sich sehr reizvolle strukturierende Elemente schaffen, etwa mit Hecken, die die Umgrenzungen in einem streng gestalteten Garten bilden, oder mit Büschen in individuellen geometrischen Formen, die in einer regelmäßig strukturierten Anlage als Akzente eingesetzt werden. Diese Verwendung von Pflanzen erinnert an die Art und Weise, wie ein Architekt Ziegel und Stein einsetzt, um den Raum einzufassen. Die Tradition ist wahrscheinlich aus den mittelalterlichen Knotengärten hervorgegangen, die mit ihren kunstvollen Mustern aus Blumen oder farbiger Erde, eingefaßt von niedrigen Hecken, an kunstvolle Stickereien erinnern.

Phantasievolle Formen

Wenige Beispiele historischer Ars-topiaria-Gärten sind erhalten geblieben. In einigen Gärten, wie Powis Castle in Wales, lassen manche Gehölze ihren ursprünglichen Formschnitt noch ahnen. Die besten englischen Beispiele geformter Pflanzen sind in Levens Hall, Cumbria, wo fast alle Figuren geometrisch sind, und in Blicking Hall, Norfolk, zu besichtigen. Der National Trust hat einen neuen Garten mit Schachfiguren in goldfarbenen und dunkelgrünen Eiben im Park von Brickwall, Northiam (Sussex), aus dem 17. und frühen 18. Jahrhundert angelegt. Die Schachfiguren wurden aus einzelnen Eiben in genieteten Eisenrahmen gezogen, die den Gärtnern beim Schneiden der komplizierten Formen als Richtlinien dienten. Ein anderes Beispiel eines Schachbrettgartens kann man in Hever Castle, Kent, bewundern.

In den USA beschränkt sich das Interesse an der Ars topiaria großenteils auf die Ostküste. Es gibt einen Garten

Einer ist entkommen! Der Fuchs, der im Ladew Topiary Garden in Maryland (USA) von Hunden verfolgt wird.

mit geometrischen Figuren in den Longwood Gardens, Kennett Square (Pennsylvania), andernorts aber liegt der Hauptakzent auf dem Bizarren. Die berühmtesten Gärten dieser Art sind Green Animals, Portsmouth (Rhode Island), und der Ladew Topiary Garden in Maryland, in dem eine Fuchsjagd in voller Aktion (die Figuren sind auf Drahtgestellen gezogen) den Besucher begrüßt. Diese Exzesse sind in England und Holland kopiert worden und erinnern an das satirische Inventar, das Alexander Pope zu Beginn des 18. Jahrhunderts in der Absicht geschrieben hat, für die Rückkehr zu einem natürlichen Gartenstil zu plädieren:

»Adam und Eva in Taxus: Adam etwas mitgenommen durch den Fall des Baums der Erkenntnis, Eva und die Schlange gesund und kräftig. Noahs Arche in Ilex: die Schiffsrippen durch Wassermangel leicht beschädigt. Der heilige Georg in Buchs: wird im nächsten April in der Verfassung sein, den Drachen zu töten ... verschiedene berühmte moderne Dichter in Lorbeer, durch Mehltau etwas angegriffen ...«

Man fragt sich, was Pope wohl zu den auf großen Drahtgestellen gezogenen pflanzlichen Figuren in Disneyland gesagt hätte.

Im 20. Jahrhundert hat es verschiedene Entwicklungen in der Ars topiaria gegeben. Kräftig strukturierte Hecken wurden zur Aufteilung großer Parks in intimere, streng gestaltete Bereiche oder ›Räume‹ innerhalb des Gartens eingesetzt. Es finden sich auch geradlinige Hecken, von kunstfertigen Gärtnern messerscharf geschnitten, die der Anlage einen fast kubistischen Charakter verleihen. Gelungene Beispiele dieser Art kann man in Castle Drogo am Rande von Dartmoor und in Anglesey Abbey in Stow-cum-Quy in der Nähe von Cambridge sehen, wo die Hecken als ein statisches, architektonisches Element dienen, um die wunderbaren Staudenrabatten davor besser zur Geltung zu bringen.

Kubismus im Garten? Aus Buchs und Eibe geschnittene geometrische Figuren in Levens Hall in Cumbria.

Bepflanzung und Pflege

Inzwischen entstehen immer mehr streng gestaltete Stadtgärten mit Schnitthecken und geformten Pflanzen, und die Nachfrage nach Buchsbaum steigt. Die wichtigsten Voraussetzungen für einen solchen Garten sind ein sonniges, geschütztes Grundstück, das eben, leicht zugänglich und groß genug ist, um ein Muster aus Beeten und in Form geschnittenen Figuren angemessen darin ausbreiten zu können. Wenn man es noch dazu von oben betrachten kann – desto besser.

Der Buchs *Buxus sempervirens* wird oft zur Einfassung der Beete verwendet. Pflanzen Sie bewurzelte Stecklinge in einem Abstand von ca. 25 cm, es sei denn, Sie möchten eine unmittelbare Wirkung erzielen und können es sich leisten, drei Jahre alte Exemplare in Töpfen zu kaufen. Aus Buchs, Eibe oder Lorbeer lassen sich kunstvolle Formen schaffen. Sie können sie selbst ziehen, indem Sie sie im Spätsommer beschneiden. Sie können aber auch Buchskegel und -kugeln fertig kaufen. Die meisten dieser Figuren sind sehr kostspielig, da sie ungefähr fünf bis acht Jahre brauchen, bis sie die gewünschte Größe erreicht haben. Buchs, der mit jedem gut durchlässigen Boden zufrieden ist, kommt besser als Eibe mit der Luftverschmutzung in den Städten zurecht.

Ars-topiaria-Gärten brauchen bis auf eine Frühjahrsdüngung und einen jährlichen Schnitt relativ wenig Pflege. Nur Liguster muß mindestens dreimal jährlich in Form geschnitten werden.

EINE PFLANZE IN FORM BRINGEN

Der einfachste Weg, einem Gehölz eine kunstvolle Form zu verleihen, besteht darin, den Entwurf der Figur zu zeichnen oder aus einem Buch zu kopieren und als dreidimensionalen Rahmen von einem Schmied anfertigen zu lassen. Wenn Sie die Zeichnung in Originalgröße anfertigen und am endgültigen Standort plazieren können, werden Sie sehen, ob Sie das passende Format gewählt haben. Achten Sie darauf, daß der Schmied in der Mitte einen Dorn anbringt, so daß Sie den Rahmen verankern können.

Lassen Sie die Pflanzen durch den Rahmen wachsen und verteilen Sie die Zweige und Triebe so, daß sie den Rahmen bedecken. Halten Sie die Triebe an der Außenseite, damit sie soviel Licht wie möglich bekommen. Beschneiden Sie sie, wenn notwendig. Dieses Verfahren kann mehrere Jahre in Anspruch nehmen, ist aber bei weitem die einfachste Methode.

EIN ROMANTISCHER GARTEN

Viele Stilrichtungen der Gartengestaltung weisen ein romantisches Element auf, das auf mittelalterliche Gärten zurückgeht. Mit ›romantisch‹ ist hier eine Haltung gegenüber der Natur bezeichnet, die eher von Respekt, Erstaunen, Nostalgie geprägt ist als von Kontrolle und Ordnung, wie sie im geometrischen Garten zum Ausdruck kommt.

Romantische Landschaften

Die englische Landschaftsgarten-Bewegung im 18. Jahrhundert, in deren Folge nahezu alle geometrischen Gärten umgestaltet wurden, war ein nostalgischer Versuch, die klassischen Landschaften des alten Griechenland und Roms neu erstehen zu lassen. Alexander Pope erklärte, daß »alles Gärtnern [...] Landschaftsmalerei« sei, und Gartenarchitekten wie ›Capability‹ Brown, Charles Bridgeman und Humphrey Repton modellierten die englische Landschaft wie Bildhauer ihren Ton.

Weiträumige Landschaftsparks wie Stowe in Buckinghamshire und Stourhead in Wiltshire wurden zu einer Zeit geschaffen, als noch kaum Pflanzen aus dem botanisch reichen Fernen Osten eingeführt worden waren. ›Capability‹ Brown (1716–1783) beschränkte sich auf wenige Spezies, um seine charakteristischen, mit Büschen bewachsenen Hügel anzulegen. Er gestaltete mehr mit Wasser und den jeweiligen Geländeformen als mit vielfältigem Pflanzenmaterial.

Die Landschaftsgarten-Bewegung griff auf den Kontinent über: In Frankreich, Deutschland, Italien – überall wurden künstliche Ruinen, Felsengrotten, Tempel in sanftgeschwungene Hügellandschaften eingebettet. In den USA hat die Bewegung der englischen Landschaftsgärtnerei Thomas Jefferson inspiriert, dessen im Jahre 1769 begonnener Garten in Monticello kürzlich restauriert worden ist.

Die romantische Gartengestaltung erlebte einen neuen Höhepunkt, als Ende des 19. und Anfang des 20. Jahrhunderts Pflanzensammler große Mengen verschiedener Spezies einführten. Das neue romantische Ideal in England wurde die künstliche Wildnis, angelehnt an die Schriften der Amerikaner Ralph Waldo Emerson (1803–1882) und Henry David Thoreau (1817–1862), die schon einige Jahrzehnte zuvor die spirituelle Erfüllung gepriesen hatten, die darin liege, mit der unberührten Natur in Harmonie zu leben.

Derzeit wird romantisches Gärtnern mit Zwanglosigkeit in Gestaltung und Bepflanzung in Verbindung gebracht, wobei man Wert auf überraschende und geheimnisvolle Effekte legt und im übrigen die Freude auskostet, den Garten üppig zu bepflanzen. In den USA und in Neuseeland ist der Staudengarten im Cottagestil besonders beliebt. Auf großes Interesse stößt nach wie vor die Arbeit von Gertrude Jekyll, deren lange Rabatten mit harmonischen Farbverläufen ein verlorenes Ideal gelungener Gartengestaltung auszudrücken scheinen. Dieser nostalgische Trend drückt sich auch darin aus, daß neue Züchtungen verworfen und alte Varianten, besonders alte, duftende Rosen, wiederentdeckt werden.

Ein Garten mit alten Rosen

Ein Rosengarten sollte in voller Sonne liegen, damit die Pflanzen gut gedeihen können. Unterstützen Sie den romantischen Charakter eines solchen Gartens durch verschlungene Pfade und verschwiegene Lauben zum Ausruhen und zum stillen Genießen des Duftes.

Wählen Sie Ihre Varietäten sorgfältig aus. Alba-Rosen, Zentifolien, Moosrosen und Damascena-Rosen haben den

'Ispahan' – eine Damascena-Rose für Rosenöl

feinsten Duft, wobei das graugrüne Laub der Alba-Rosen noch die Schönheit der Blüten unterstreicht. Die Knospen der Moosrosen sind samtig behaart bis moosig bewachsen und laden zum Berühren ein. Pflanzen Sie sie deshalb in die Nähe Ihres Sitzplatzes, damit Sie dieser Verlockung nachgeben können.

Da die meisten alten Rosen nur einmal im Frühjahr blühen, sollten Sie die Palette möglichst groß halten und auch einige der Portland- oder Bourbon-Rosen pflanzen, die zwei Hauptblütezeiten haben, oder einige Gallica-Rosen, die fast ununterbrochen blühen. Lassen Sie sich von Fachleuten beraten. Permanent blühende Chinarosen, wie die wunderbare 'Cécile Brunner', sind nur in einem sehr warmen und geschützen Garten zu empfehlen.

Sie werden feststellen, daß alle alten Rosen in Weiß-, Rosa- oder Rottönen blühen. Das liegt daran, daß die Farbe Gelb erst in den 70er Jahren des vorigen Jahrhunderts in die Rosenzüchtung aufgenommen wurde, als die Franzosen die Arbeit mit der *Rosa foetida* begannen. Als Randbepflanzung für den Rosengarten bieten sich deshalb sanfte Farbtöne an, wie die typischen Bauerngartennelken und Katzenminze *Nepeta* × *faassenii.*

EINE AUSWAHL BELIEBTER ALTER ROSEN

Rosenarten	Sortenname	Höhe und Breite	Bemerkungen
Alba-Rosen	'Celestial'	180 × 120 cm	zartrosa Blüten, intensiv graue Blätter
	'Maiden's Blush'	150 × 120 cm	lockerer Wuchs
Bourbon-Rosen	'Boule de Neige'	150 × 120 cm	rotgetönte Knospen und gefüllte weiße Blüten; aufrechter Wuchs
	'Louise Odier'	180 × 120 cm	leuchtend rosa Blüten; schönes Laub
	'Mme Isaac Péreire'	200 × 150 cm	kirschrosa Blüten
Zentifolien	'Rose de Meaux'	100–120 × 100 cm	kompakte rosa Blüten; für kleine Gärten gut geeignet
	'Fantin Latour'	180 × 150 cm	eine große Fülle von blaßrosa Blüten; nach dem französischen Maler benannt
Damascena-Rosen	'Celsiana'	150 × 120 cm	lockere, rosarote Blüten
	'Mme Hardy'	180 × 150 cm	feine weiße Blüten
Gallica-Rosen	'Charles de Mills'	150 × 120 cm	karminrot-purpurne Blüten
	'Tuscany'	120 × 100 cm	dunkelrote Blüten
Moosrosen	'Common Moss'	120 × 120 cm	runde rosa Blüten
	'Shailer's White Moss'	120 × 100 cm	weiße Blüten, vor dem Aufgehen rosa getönt
	'Soupert et Notting'	100–120 × 100 cm	schönste rosablühende Moosrose für kleine Gärten
Portland-Rosen	'Comte de Chambord'	120 × 100 cm	reicher Flor an gefüllten rosa Blüten
	'Portland Rose'	60 × 60 cm	karminrote Blüten; ausgezeichnet für begrenzten Platz

STILLES WASSER: ZUR BESINNUNG KOMMEN

Teiche üben eine unwiderstehliche Faszination aus. Durch alle Jahrhunderte haben Gartenarchitekten in der ganzen Welt stille Wasserflächen als Spiegel eingesetzt. Die Erbauer berühmter Gebäude, wie des Taj Mahal in Agra oder des Palmenhauses in Kew, entwarfen Wasseranlagen, die keine andere Funktion hatten, als Umrisse der Gebäude widerzuspiegeln.

Wasser gilt als lebenspendend, und sein Anblick führt uns zu ruhiger Kontemplation. Nirgendwo wird das deutlicher als im chinesischen Garten, wo ein stilles Wasser innere Ruhe und Gelassenheit symbolisiert. Im ewigen Spiel des harmonischen Gleichgewichts aller Dinge wird die ebene Wasserfläche auch zur notwendigen Ergänzung der vertikalen Elemente des Gartens.

Große Seen

Im 18. Jahrhundert entwarf ›Capability‹ Brown in England riesige Seen als Teil seiner Vision einer arkadischen Landschaft. Er legte in vielen seiner großen Auftragsarbeiten natürliche Seen an (in Wahrheit waren sie sorgfältig geplant), so zum Beispiel in Blenheim Palace bei Oxford und in Chatsworth, Derbyshire. In Stourhead hat Henry Hoare einen Garten rings um einen großen See angelegt, in dem Nachbildungen klassischer Tempel so plaziert sind, daß sie sich im Wasser eindrucksvoll widerspiegeln.

In South Carolina, USA, entstand im 18. Jahrhundert am Ufer des Ashley River der berühmte Wassergarten von Middleton Place bei Charleston. Heute zeigt er sich wieder im alten Glanz mit seinen vielen terrassenförmig angelegten Seen, zu deren Bau die Reisfelder angeregt haben mögen, die seinen Besitzer Henry Middleton reich gemacht haben. In Dumbarton bei Washington gibt es einen streng gestalteten Kieselgarten, über den sich eine Wasserdecke ausbreiten soll, die die Farbe der Steine unterstreicht und die umgebenden Bäume widerspiegelt.

Die Planung eines eigenen Teiches

Es gibt einige wesentliche Gestaltungselemente, die man bei der Planung eines Teiches berücksichtigen sollte. Spiegelungen sollten von verschiedenen Standpunkten im Garten aus leicht sichtbar sein, und die Wasseroberfläche sollte so großzügig bemessen sein, wie nur eben möglich. Da sich Wasserpflanzen extrem schnell ausbreiten, müssen Sie wahrscheinlich regelmäßig einen Teil herausnehmen, damit die Spiegelfläche erhalten bleibt. Das gilt besonders für Seerosen, die einen Teich leicht zudecken können. Bedenken Sie auch, daß vollständig zugewachsene Teiche eine Gefahrenquelle darstellen, da bisweilen kaum zu

Oben: Spiegelnde Wasserflächen erweitern den Raum.
Gegenüber: Blattformen spiegeln sich in stillen Teichen.

UFERPFLANZEN, DIE SICH IM WASSER SPIEGELN

Viele Wasserpflanzen neigen dazu, sich bei günstigen Bedingungen äußerst üppig auszubreiten, was Spiegelungen im Wasser mit der Zeit beeinträchtigt. Wählen Sie daher lieber einige hohe Varietäten für den Uferbereich, die nur in niedriger Wassertiefe gedeihen. So sind die Spiegeleffekte doppelt gesichert: die Pflanzen sind hoch genug, um als interessante Bilder von der Wasseroberfläche reflektiert zu werden, und gleichzeitig ist gewährleistet, daß diese Spiegelfläche nicht überwuchert.

Botanischer Name	**Deutscher Name**	**Höhe**	**Bemerkungen**
Dierama pulcherrimum	Trichterschwertel	120 cm	schöner, überhängender Wuchs
Iris laevigata (Sorten)	Schwertlilie	75 cm	Alternative zur höheren Sumpfschwertlilie
Iris pseudacorus	Gelbe Sumpfschwertlilie	150 cm	sehr aufrechter Wuchs, gelbe Blüten
Juncus effusus 'Spiralis'	Spiralbinse	45 cm	reizvoller spiralig gedrehter Wuchs
Scirpus tabernaemontani 'Zebrinus'	Zebrabinse	100 cm	grün-weiß gestreiftes Laub
Thalia dealbata		180 cm	nicht winterhart
Typha minima	Rohrkolben	30–75 cm	für kleine Teiche gut geeignet

erkennen ist, ob man es mit einer Wasserfläche oder mit festem Boden zu tun hat.

Im großen und ganzen gibt es drei Möglichkeiten, wie Sie sich einen Teich anlegen können: mit einer speziellen Kunststoffolie, mit einer vorgefertigten Form (in der Regel aus Fiberglas) oder mit Beton. Der einfachste Weg ist der Folienteich. Handelsübliche Teichfolie ist schwarz, so wirkt das Wasser dunkler und reflektiert stärker. Diese Methode eignet sich vorzüglich für einen natürlich gestalteten Teich. Von Steinen eingefaßte betonierte Wasserbecken passen sich mit ihren gewöhnlich rechtwinkligen Konturen gut in einen streng geometrisch gestalteten Garten ein. Sie sind auch die beste Lösung in einem kleinen Stadtgarten; wo Kinder spielen, muß der Beckenrand deutlich höher als Bodenniveau sein.

Der Teich sollte das Bild ihres Gartens so harmonisch wie möglich abrunden. In einem geometrischen Garten wird seine Gestalt – Rechteck, Quadrat oder eine andere symmetrische Form – mit dem Plan der Beete in Übereinstimmung gebracht. Um seine Konturen nicht zu verunklären, wählen Sie für die Bepflanzung aufrecht wachsende Iris oder Binsen, die Sie symmetrisch anordnen. Dagegen lassen sich in einem romantischen Garten die amorph geschwungenen Ränder des Teiches durch eine naturnahe Uferbepflanzung mit ihrer Umgebung verschmelzen.

Auch die Plazierung eines Teiches muß wohlüberlegt sein. Er sollte nicht unter überhängenden Zweigen liegen, da abfallende Blätter im Teich vermodern und zu unnötiger Faulgasbildung führen. Zudem brauchen Wasserpflanzen viel Licht, um gedeihen zu können.

Seerosen lassen sich nur in stillen Gewässern ziehen. Man pflanzt sie am besten in Töpfe mit unsterilisiertem Lehm und setzt sie ins Wasser. Wählen Sie Varietäten aus, die in der Wuchsstärke auf die Größe des Teiches und die Wassertiefe abgestimmt sind.

Gärten, die auch in der Nacht attraktiv sein sollen, brauchen eine angemessene Beleuchtung. Ein Teich kann in einem solchen Konzept direkt mit Scheinwerfern oder indirekt mit Unterwasserlampen ausgeleuchtet werden. Es empfiehlt sich, für diese Installation einen Fachmann heranzuziehen, damit die Sicherheit einer solchen elektrischen Anlage in der Nähe des Wassers gewährleistet ist.

Der natürlich gestaltete See in Claude Monets Garten in Giverny ist reich an Uferpflanzen und zartfarbigen Wasserspiegelungen.

DAS GEHEIMNIS DES LABYRINTHS

Und was die Mitte bringt ist offenbar
Das was zu Ende bleibt und anfangs war.
aus: West-Östlicher Divan
Johann Wolfgang von Goethe (1749–1832)

Das Motiv des Labyrinths ist sehr alt und in vielen Kulturen verankert. Es scheint ein Bedürfnis des Menschen auszudrücken: Rätsel zu lösen und – mehr noch – ein Ziel zu erreichen. Psychologen haben darin eine in sich selbst heilende Bewegung erkannt – den Weg zur eigenen Mitte, die Balance des Ich. So gesehen hat die Wanderung durch ein reales Labyrinth fast therapeutischen Wert: Nur hier ist es möglich, dorthin zurückzukehren, wo man eine falsche Entscheidung getroffen und Wendepunkte übersehen hat!

Auf Sardinien hat man in Fels gehauene graphische Darstellungen von Labyrinthen entdeckt, die vor rund 4000 Jahren entstanden sind. Vergleichbare (etwas jüngere) Beispiele kennt man aus Italien, Indien und Ägypten. Labyrinthische Muster wurden in die Erde gegraben oder auf dem Boden in Stein ausgeführt. In der griechischen Mythologie ist das Labyrinth der Ort, an dem Theseus den Minotaurus erschlägt. Diese frühen Labyrinthe bestanden aus einem einzigen Weg, der nach zahlreichen Kehren ins Zentrum führte. Ihn im Rahmen ritueller Handlungen abzuschreiten, galt als symbolische Wanderung durch das Leben.

Die frühen Labyrinthe bestanden in der Regel aus sieben Ringen, eine in der Numerologie überaus wichtige, magische Zahl; die mittelalterliche christliche Kirche schuf eine neue, sehr einflußreiche Labyrinthform mit elf Ringen, die vielleicht die ›echten‹ Apostel repräsentieren sollten. In vielen nordfranzösischen Kathedralen waren solche Labyrinthe, die offensichtlich religiösen und meditativen Zwecken dienten, als Kreise oder Achtecke im Boden des Mittelschiffs verlegt. Das schönste und älteste Beispiel ist das kreisförmige Labyrinth aus blauem und weißem Marmor in der Kathedrale von Chartres (1235). Als ›Weg nach Jerusalem‹ bekannt, symbolisiert es die christlichen Kreuzzüge und in ihnen den Weg zur Erlösung: Labyrinthe waren wichtiger Bestandteil der Bußpraxis, und so mancher reuige Sünder mag ihren gewundenen Pfaden auf den Knien gefolgt sein. Bis heute werden in Kirchen labyrinthische Muster aus farbigem Stein verlegt. Wenn sie vom Eingangsbereich mehr in den Altarraum verlagert wurden, ist das vielleicht ein Hinweis auf den spirituellen Wert des Labyrinths.

Irrgärten

In Form der aus Rasenflächen ausgeschnittenen Irrgärten fand das Labyrinth (mitsamt symbolischem Gehalt) Eingang in die Landschaftsgestaltung. In England scheint diese Entwicklung mit der normannischen Besiedlung verknüpft zu sein. Einer jener alten Irrgärten ist noch in Dalby (North Yorkshire) zu besichtigen. Mit einem Durchmesser von 35 m der größte Irrgarten liegt auf dem Gemeindeanger von Saffron Walden in Essex. Beispiele für Irrgärten in

Labyrinthe aus Grassoden wurden zu kultischen Zwecken durchwandert. Dieses moderne Labyrinth folgt einem Entwurf aus dem 16. Jahrhundert.

Parks sind in Somerton (Oxfordshire) und in Chenies Manor (Buckinghamshire).

Für die Gärten der Könige und Reichen wurden weltliche Irrgärten mit Sackgassen entworfen, die dem Amusement dienten. Sie bestanden in der Regel aus Eiben- oder Zypressenhecken. Die ersten entstanden im späten 17. und frühen 18. Jahrhundert in Frankreich, Spanien und Italien. In den Niederlanden wurde zwischen 1686 und 1695 ein Irrgarten auf dem Gelände des herrlichen Palastes in Het Loo angelegt. Der in aller Welt berühmte Irrgarten von Hampton Court wurde zwischen 1689 und 1696 von George London und Henry Wise gestaltet. Auf dem Höhepunkt des ›Irrgartenfiebers‹ Ende des 19. Jahrhunderts, als in England und den USA überall in den öffentlichen Parks Irrgärten entstanden, ist dieser Entwurf unzählige Male kopiert worden. Auch der Irrgarten des Gouverneurspalastes in Williamsburg in Virginia, der 1935 angelegt wurde, ist eine solche Kopie. Die Hecken in diesen Irrgärten sind oft übermannshoch, was die Lösung des Rätsels noch erschwert. Manchmal enthalten sie einen Aussichtspunkt, von wo aus man das verschlungene Muster überblicken kann, wie zum Beispiel der weitläufige Irrgarten in Longleat House (Wiltshire) aus dem Jahr 1978. Der kreisförmige Irrgarten in Stra bei Venedig, angelegt 1720, besaß im Zentrum einen Turm mit einer Treppe in Form einer Doppelspirale – ähnlich wie die Doppelhelix der Molekülketten voller genetischer Erbinformationen, die im Zentrum allen Lebens stehen ...

Die Irrgärten in herrschaftlichen Parks waren in der Regel wie die Parterres streng gestaltet, mit geraden Linien und rechten Winkeln, wie noch der Irrgarten in Hatfield House (Hertfordshire) aus den 80er Jahren unseres Jahrhunderts zeigt. Irrgärten mit weichen, natürlichen Formen sind selten; ein reizvolles Beispiel in Lorbeer von 1833 ist in Glendurgan (Cornwall) zu besichtigen. In Leeds Castle (Kent) existiert seit 1988 ein phantasievoller Irrgarten, der den Besucher wie auf einer Reise durch die Unterwelt zu einer Grotte unter der Erde führt. Einige jüngst entstandene Irrgärten haben die Form eines Fußabdrucks, ganz so als wäre ein Riese über die Erde gelaufen.

Heutzutage werden Irrgärten meist in Gärten oder Parks angelegt, die großenteils der Erholung dienen. Aus Hecken bestehende Irrgärten sind gewöhnlich mit langsam wachsenden immergrünen Gehölzen wie Eibe, Zypresse, Ilex oder Ölweide bepflanzt, die nur einmal im Jahr beschnitten werden müssen. Irrgärten aus Grassoden sind zwar billig zu erstellen, aber aufgrund ihrer schnellen Abnutzung schwer zu pflegen und zu erhalten, es sei denn, die Wege zwischen den Grassoden wären mit Kies, Ziegeln oder Pflastersteinen belegt.

Ein Irrgarten muß nicht unbedingt aus lebenden Pflanzen wachsen. Er kann auf dem Erdboden aus Ziegeln mit dazwischen verlaufenden Wasserrinnen angelegt werden oder aber aus senkrechten Holzlatten bestehen, wie es in Japan und Neuseeland besonders beliebt ist.

In England hat sich die Anzahl der öffentlich zugänglichen Irrgärten in den 80er Jahren schätzungsweise verdoppelt. Es ist offensichtlich, daß der geheimnisvolle Reiz dieser Gartenrätsel nichts an Faszination verloren hat. Vielleicht paßt ein Irrgarten ja auch in Ihren Garten.

Dieser Irrgarten aus Lorbeer in Glendurgan (Cornwall) fällt durch seine amorphen Formen in Hanglage auf.

SKULPTURENSCHMUCK

Figürlicher Schmuck im Garten hat eine lange Tradition, die bis zu den eleganten Villengärten römischer Herrscher zurückreicht. Durch die Geschichte der Gartenkunst sind Skulpturen Statussymbol und sichtbarer Ausdruck des Reichtums und Machtanspruchs ihrer Besitzer. Mit der Zeit findet Skulpturenschmuck auch Eingang in die Hausgärten des aufstrebenden Bürgertums, wo er allerdings stärker in den inhaltlichen Zusammenhang von Brunnen oder Sonnenuhren eingebunden ist.

Nahezu jede Gartenanlage, ganz kleine vielleicht ausgenommen, kann durch ein skulpturales Element verbessert werden. Eine Figur oder ein Objekt am richtigen Platz dient als Blickfang oder betont einen Richtungswechsel, indem sie bzw. es durch die Konstruktion des Gartens führt. Skulpturenpaare (etwa zu seiten eines Eingangs) können ein angenehmes Gefühl von Ausgewogenheit erzeugen. Ohne es bewußt wahrzunehmen, fühlen wir uns von dieser paarweisen Anordnung wie ›gehalten‹. Ist die Symmetrie aus irgendeinem Grund gestört oder dort, wo man sie unbewußt erwartet gar nicht vorgesehen, kommt es vielleicht zu gegenteiligen Reaktionen.

Rostfreier Stahl inmitten von Hitze und Sand in Canberra (Australien)

Figürliche Plastik bindet das menschliche Element stärker in die natürliche Szenerie ein. Abstrakte Plastik mit ihren oftmals harten Konturen bezieht ihren Reiz nicht selten gerade aus dem Kontrast zu den organischen Formen einer Umgebung aus gewachsenem Grün. Beide Arten von Skulptur können durch ihren Anblick die stille Kontemplation fördern und so zur Entspannung beitragen. Aber die Wirkung einer Skulptur ist schon heilsam, wenn sie einfach nur gefällt.

Auswahl und Aufstellung

Bedenken Sie, daß Alter und Stil Ihrer Skulptur zum Stil des Gartens passen müssen. Angemessenheit ist das Entscheidende. Ein weiterer wichtiger Punkt ist die Größe. Hier die richtige Entscheidung zu treffen ist nicht einfach. Das Objekt muß die zu seiner unmittelbaren Umgebung passende Proportion haben. Ist es zu klein, wirkt es verloren; ist es dagegen zu groß, wird es alles dominieren und lächerlich wirken. Vielleicht sollten Sie aus Latten und Tapetenresten ein originalgroßes Modell entwerfen und am Standort Ihrer Wahl beurteilen. Die so ermittelten Maße erleichtern den Einkauf.

Um einen Blick für den idealen Standort einer Skulptur zu bekommen, sollten Sie Gärten mit schönen Skulpturensammlungen besuchen. Anglesey Abbey in Stow-cum-Quy in der Nähe von Cambridge besitzt eine herrliche Sammlung klassischer Bronze-, Blei- und Steinplastiken, die sehr gut plaziert sind. Auch Chiswick House in London verfügt über eine eindrucksvolle Sammlung. Die meisten großen italienischen Gärten bieten ausgezeichnete Beispiele von Nischenstatuen; desgleichen viele französische Gärten. Sehenswert sind auch Veitshöchheim bei Würzburg oder die Herrenhauser Gärten in Hannover. Auf der Museumsinsel Hombroich bei Neuss, im Park des Rijksmuseum Kröller-Müller bei Otterlo, in Kerguéhennec bei Vannes in der Bretagne oder im Park des Louisiana-Museums im dänischen Humlebæk sind moderne Skulpturen zu sehen.

Um zu optimaler Wirkung zu gelangen, braucht Ihre Plastik den geeigneten Hintergrund. Stücke aus hellem Stein sehen vor dunkellaubigen Hecken, etwa aus Eibe, gut aus. Vielleicht gibt es bei Ihnen einen Blick durch ein Tor, das der Skulptur als Rahmen dienen kann. Wenn Sie eine Mauer ziehen wollen, planen Sie eine Nische für ein Kunstwerk mit ein, oder schneiden Sie ein ›Fenster‹ in eine Hecke, damit man die Skulptur wie durch einen grünen Rahmen betrachten kann.

Das Material

Im Original sind Statuen für die meisten von uns unerschwinglich, aber als Gartenschmuck haben gute Repliken die gleiche Wirkung. Bei Objekten aus Ton sollten Sie sich vergewissern, daß das Stück Ihrer Wahl den winterlichen Temperaturen in seiner neuen Heimat standhalten wird (sonst müssen Sie es vor den ersten Frösten einlagern). Neben Skulpturen aus den herkömmlichen Materialien wie Stein, Bronze, Blei oder Terrakotta haben jüngst auch Figuren aus Schiefer oder Weidengeflecht (das eine spezielle Pflege benötigt, siehe Seite 142) den Markt erobert. In einem naturnahen Garten lassen sich Figuren aus Flechtwerk oder anderem Holz auch in der Weise heranziehen, wie sie in einigen ›Skulpturenpfaden‹ in Waldgegenden aufgestellt worden sind. Anregungen sammeln können Sie etwa im Grizedale Sculpture Park, Cumbria, oder im Landmark Visitors' Centre, Carrbridge (Schottland).

Die richtige Beleuchtung

Das Geheimnis einer eindrucksvollen Gartenplastik liegt in ihrer richtigen Plazierung. Um ihre Wirkung zu steigern, können Sie sich des natürlichen Lichts bedienen und sie so aufstellen, daß sie von der Sonne beschienen wird. Wenn Sie den Garten nachts aufsuchen, braucht Ihr Figurenschmuck künstliche Beleuchtung. Ist dieses Licht zu einseitig, können starke Schlagschatten das Bild optisch zerstören. Sorgen Sie für möglichst gleichmäßig verteilte Helligkeit. Wenn Sie die Möglichkeit haben, die Plastik an (oder in) einem Teich zu plazieren, sollten Sie sich ein Beispiel an japanischen Gärten nehmen. Hier wird das Schauspiel des Spiegelbildes noch um die Spiegelung von in Steinlaternen flackerndem Kerzenlicht bereichert.

Interaktive Plastik

Woran mag es wohl liegen, daß zahllose Kinderhände im Laufe der Jahre die Ohren der Bronzekaninchen an der Peter-Pan-Statue im Kensington Park, London, poliert haben? Ganz einfach: es gibt Skulpturen, die auf irgendeine (unwiderstehliche) Weise dazu auffordern, sie anzufassen. Bronze besitzt eine wunderbare Textur und vermittelt beim Berühren ein großes Vergnügen. Die glatten Kurven der Plastiken von Henry Moore laden zum Streicheln ein. Es ist wichtig, Stücke zum Anfassen da aufzustellen, wo man sie berühren kann, ohne daß Pflanzen gestört werden oder den Zutritt versperren. Liegt die Freude mehr in der Betrachtung, dann stellen Sie die Skulptur da auf, wo sie von allen Seiten vor dem Himmel als Hintergrund gesehen werden kann. Einige zeitgenössische Werke in Skulpturenparks fordern das Publikum zum Mitmachen auf. In Grizedale zum Beispiel sind ein paar der hölzernen Gebilde wie seltsame Gebäude beschaffen, in die man hinein-

Weidengeflecht ist ein vergängliches Material. Daraus geformte Figuren sind jedoch in einem Waldgarten oder vor Reisigzäunen sehr wirkungsvoll.

gehen kann, um das Innere zu verändern; so sieht die Skulptur niemals gleich aus.

Trompe-l'œil

Bei wenig Grün-, dafür um so mehr Mauerfläche (etwa in einem Stadtgarten), können Sie sich des Kunstgriffs der optischen Täuschung bedienen, um das Raumgefühl zu verstärken. Oft geschieht dies mit Hilfe perspektivisch verkürzten Gitterwerks (treillage) an der Mauer. Man kann auch Spiegel hinter den Plastiken anbringen, um ihre dreidimensionale Wirkung zu erhöhen. Wenn Sie zufällig über das Talent eines Kulissenmalers verfügen, lassen sich überraschende Effekte auch mit illusionistisch gemalten ›Skulpturen‹ erzielen.

DIE PFLEGE VON SKULPTUREN

Stein
Sand- und Kalkstein sind die Materialien mit der längsten Lebensdauer, aber Kalkstein leidet auf jeden Fall im Lauf der Jahre unter den Auswirkungen der Luftverschmutzung. Man kann Stein künstlich altern lassen, indem man ihn mit Flüssigdünger bepinselt; das fördert den Moosbewuchs.

Blei
Blei bedarf keiner besonderen Pflege und nimmt ganz von selbst einen zarten grauen Glanz an. Es sieht in der Nähe von rosa Blüten und silberlaubigen Pflanzen besonders gut aus.

Bronze
Bronze kann man belassen, wie sie ist, oder sie einwachsen, um eine kräftige Patina zu erzielen.

Hartholz
Lassen Sie Hartholz verwittern, bis es grau aussieht, oder ölen Sie es alle Jahre, um die ursprüngliche Farbe zu erhalten.

Mit einem Bleichmittel können Sie den Alterungsprozeß optisch beschleunigen.

Flechtwerk
Behandeln Sie es jährlich mit einem Holzschutzmittel, um seine Lebensdauer zu erhöhen und seine Farbe zu erhalten.

Kunstharz und Fiberglas
Reinigen Sie diese Kunststoffe bei Bedarf mit einem milden Haushaltsreiniger.

Terrakotta
Bepflanzte Terrakotta-Töpfe verfärben sich oft durch ausgewaschene Düngesalze, die einen weißlichen Belag hinterlassen. Er läßt sich mit einer milden Säure abwischen, etwa mit Kesselsteinentferner, aber einfacher ist es, das Problem zu vermeiden, indem man das Innere des Topfes mit einer ungiftigen Farbe versiegelt, bevor man ihn bepflanzt.

Links: Trompe l'œil: eine Tür oder doch keine Tür?

Gegenüber: Eine Gartenskulptur sollte überraschen; wie das ›Sitzende Mädchen‹ von Bernard Sindell.

UNBERÜHRTE NATUR HINTER STADTMAUERN

Noch vor wenigen Jahren zog es die Städter aufs Land, um dort Vögel, Insekten und andere ›wilde‹ Tiere in freier Natur zu beobachten. Die modernen Anbaumethoden der Landwirtschaft haben diese freie Natur inzwischen so beeinträchtigt, daß die Wildfauna heute in die Stadt flüchtet – um es etwas überspitzt auszudrükken. Ein Stadtgarten kann so zum Zufluchtsort für alle Arten von Vögeln, Säugetieren und wirbellosen Tieren werden. Dieser unmittelbare Kontakt mit der Natur ist jedem möglich, der ein kleines Stück Land besitzt und weiß, wie er den Vertriebenen eine Heimat bietet.

Mit dem richtigen Know-how könnte die Fläche aller Hausgärten in ihrer Gesamtheit zur Grundlage eines riesigen ›Naturreservates‹ werden, in dem die aus ihrem ursprünglichen Lebensraum vertriebene Wildfauna Zuflucht vor Pestiziden fände. Es gibt viele Möglichkeiten, Kleintiere zu einem Besuch in Ihrem Garten zu bewegen (zum Beispiel, indem Sie für Nahrung sorgen und Nistkästen für Vögel installieren), aber es ist weit aufregender, einen ›natürlichen‹ Lebensraum auf kleinem Raum neu zu schaffen. Dies kann nur gelingen, wenn Sie etwas von Ökologie und den verschiedenen Nahrungsketten verstehen, die für einen voll funktionsfähigen Lebensraum notwendig sind.

Viele Kleine Füchse und ein Admiral auf Sedum spectabile

Die Planung eines Gartens für Wildfauna

Es gibt eine Reihe von Elementen, die für einen Wildfauna-Garten unabdingbar sind, wenn er ökologisch erfolgreich sein soll: eine Nektarrabatte, um Schmetterlinge und Motten anzulocken; ein Teich mit einem Bereich für feuchtigkeitsliebende Pflanzen; eine Wiese oder blumenreiche Böschung (möglichst mit einer Hecke eingefaßt); und ein Bereich, der das vielfältige und artenreiche Ökosystem ›Waldrand‹ verkörpert.

Die Nektarrabatte – das Element, welches der vertrauten Gartenkonzeption am nächsten steht – sollte an einem sonnigen, geschützten Platz möglichst in der Nähe des Hauses und von dort leicht sichtbar angelegt werden. Wählen Sie Pflanzen der Tabellen auf Seite 145 aus.

Das Feuchtbiotop können Sie mit Hilfe einer handelsüblichen Teichfolie anlegen (siehe Seite 136). Berechnen Sie die Folie groß genug, um am Ufer noch eine Sumpfzone mit ständig feuchter Erde gestalten zu können, wo Sumpfdotterblumen *Caltha palustris*, Mädesüß *Filipendula ulmaria*, Gauklerblumen *Mimulus guttatus*, Weiderich *Lythrum salicaria*, Gelbe Sumpfschwertlilien und Sumpfvergißmeinnicht *Myosotis palustris* (syn. *M. scorpioides)* gedeihen, die alle kräftige Farben haben und so die Insekten anlocken.

Wenn Ihnen die doch recht mühsame Pflege des Rasens insgeheim längst zuviel geworden ist (und der Boden in Ihrem Garten ein wenig karg ist), warum steigen Sie dann nicht auf eine Wildblumenwiese um? In vielen Gartencentern gibt es inzwischen spezielle Samenmischungen, sogar Mischungen aus ausgewählten Kornfeldunkräutern. Eine solche Wiese wird gewöhnlich nur einmal im Spätsommer gemäht. Um sie aber betreten zu können, sollten Sie regelmäßig einmal in der Woche mit dem Rasenmäher eine natürlich verlaufende Bahn hindurchziehen.

Der natürliche Lebensraum Hecke ist im Zuge einer Leistungssteigerung der Landwirtschaft drastisch dezimiert worden. Sie können ihn nachbilden, indem Sie eine gemischte Hecke aus einheimischen Spezies statt aus den üblichen Gehölzen wie Liguster oder *Cupressus leylandii* pflanzen. Pflanzen Sie Spezies wie Schlehdorn, Kreuzdorn, Holunder, Weißdorn, Haselnußstrauch und Hundsrose. Sie alle liefern Beeren und Früchte für die Wildfauna. Geschnitten wird eine solche Hecke im Winter, wenn Vögel und Säugetiere sie am leichtesten entbehren können.

Vielleicht läßt sich am Rande Ihres Gartens ein Bereich gestalten, der einen Waldsaum imitiert. Verwenden Sie einheimische Bäume und Sträucher, die Schatten spenden, und schaffen Sie Baumstämme und -stümpfe herbei oder schichten Sie einen Stapel Holz, das verrotten kann und Heimstätten für Insekten und wirbellose Tiere schafft. Wenn dieses Ökosystem erst einmal etabliert ist, können Sie den Boden mit Hasenglöckchen, Waldanemonen, Einbeeren *(Paris quadrifolia)* und anderen auf Waldböden heimischen Blumen bedecken. Installieren Sie in Ihrem ›Wald‹ Nistkästen, die bestimmt von Vögeln aufgesucht werden, wenn Sie den übrigen Teil Ihres Gartens so anlegen und bewirtschaften, daß für ein ausreichendes Nahrungsangebot gesorgt ist. Mit ein bißchen Glück (und einer im Waldbereich vergessenen strohgefüllten Kiste) gelingt es Ihnen vielleicht, einen Igel anzulocken. Igel (nebenbei zuverlässige Schneckenvertilger) haben ein festes Revier, und wenn ein Igel Sie ›adoptiert‹, gibt es nichts Schöneres, als ihn bei Nacht mit seiner Lieblingsspeise zu füttern und sich durch seine Besuche geehrt zu fühlen. Dieser Kontakt mit der Natur kann eine echte Zuflucht aus dem meist künstlichen Leben in der Stadt sein.

Ein erfolgreicher Wildfauna-Garten sollte über ein Feuchtbiotop, eine Wildblumenwiese und über ein Stück ›Waldsaum‹ verfügen.

PFLANZEN, DIE SCHMETTERLINGE UND ANDERE INSEKTEN ANLOCKEN

Name (botanisch/deutsch)	
Agrostemma githago / Kornrade	E
Buddleja davidii (Varietäten) / Schmetterlingsstrauch	STR
Caryopteris × clandonensis / Bartblume	STR
Ceanothus (Varietäten) / Säckelblume	STR
Dipsacus fullonum / Weberkarde	Z
Eupatorium cannabinum / Wasserdost	STA
Hebe (Arten und Sorten) / Strauchveronika	STR
Heliotropium (Sorten) / Heliotrop	E
Hyssopus officinalis / Ysop	STR
Lavandula (alle Varietäten) / Lavendel	STR
Lonicera periclymenum / Geißblatt	K
Reseda odorata / Reseda	E
Saponaria officinalis / Seifenkraut	STA
Sedum (Hylotelephium) spectabile / Fetthenne	STA
Spiraea japonica 'Bumalda' / Spierstrauch	STR
Thymus (Varietäten) / Thymian	STA
Verbena bonariensis / Verbene	STA
Viburnum tinus / Schneeball	STR

PFLANZEN, DIE FUTTER FÜR VÖGEL LIEFERN

Name (botanisch/deutsch)	
Aster novi-belgii / Herbstaster	STA
Berberis × stenophylla / Berberitze	STR
Cornus florida / Hartriegel	STR
Cosmos (Spezies) / Kosmee	E / STA
Cotoneaster horizontalis / Zwergmispel	STR
Elaeagnus angustifolia / Ölweide	STR
Euonymus europaeus / Spindelstrauch	STR
Helianthus annuus / Sonnenblume	E
Ilex aquifolium / Stechpalme	STR / B
Lonicera periclymenum / Geißblatt	K
Malus 'John Downie' / Holzapfel	Z
Oenothera biennis / Nachtkerze	Z
Prunus padus / Traubenkirsche	B
Pyracantha 'Mohave' / Feuerdorn	STR
Sambucus nigra / Schwarzer Holunder	STR / B
Sorbus aucuparia / Eberesche	B
Taxus baccata / Eibe	B
Viburnum opulus / Gemeiner Schneeball	STR

B Baum; E einjährig; K Kletterpflanze; STA Staude; STR Strauch; Z zweijährig

FOR
SALE

SPIEGEL DER PERSÖNLICHKEIT

Wenn Sie in einen der üblichen Berufe dieser Welt eingebunden sind, ist der Garten oft der einzige Ort, an dem Sie sich frei bewegen und selbst kreativ werden können. Hier haben Sie die Möglichkeit, Seiten Ihrer Persönlichkeit zum Klingen zu bringen, die andernorts nicht laut werden dürfen. So war es zum Beispiel im 19. Jahrhundert unter den Bergleuten von Nottinghamshire Tradition, Aurikeln und Nelken zu züchten und auszustellen. Es war ein sehr anspruchsvolles Hobby, das äußerste Sorgfalt und Geduld erforderte. Und die Männer waren stolz auf ihre Ergebnisse, obgleich oder gerade weil dies etwas völlig anderes war als ihre Arbeit unter Tage. Wie die walisische Sitte, Lauch für Wettbewerbe zu ziehen, förderte sie die Gemeinschaft, und die Möglichkeit, einmal der Beste zu sein, spornte an. Für viele war der Garten ein Ort, der sie völlig in Beschlag nahm, aber in ganz anderer Weise als ihr tägliches Arbeitsleben, ein Ort, der nur ihnen gehörte und der heilsame Erholung brachte.

Das Ungewöhnliche suchen

Eine relativ einfache, aber effektive Möglichkeit, im Garten Individualität zu zeigen, ist der kunstvolle Formschnitt von Hecken und Sträuchern (siehe Seite 130). Sie können Ihren Nachbarn Ihre Interessen durch Schlachtschiffe aus Liguster oder Unterseeboote aus Taxus demonstrieren. Einen Vorgarten kann man mit Pfauen, Eulen, Adlern, mit allen Formen, die Sie herstellen möchten, bevölkern. Auch ganze Miniaturwelten mit Dörfern, Vieh und Menschen sind sehr beliebt. Gärten in Seenähe sind oft reine Muschelgärten. Hier ist das gartengestalterische Element völlig in den Hintergrund getreten, da alle Energie darauf verwendet wird, die Figuren anzufertigen, und der Garten ist nur noch der Ort, an dem man das tun kann.

Im Crystal Palace Park im Londoner Süden treffen Sie auf eine vollständige Landschaft mit lebensgroßen Dinosauriern, wie sie gerade aus dem Unterholz brechen, und Sie können sich in diese prähistorische Ära zurückversetzen lassen. Zu Königin Viktorias Zeiten war so etwas sehr beliebt. Im England des 18. Jahrhunderts war es noch Mode gewesen, klassische Landschaften zu kreieren und sie mit Eremiten in bescheidenen Grotten auszustatten. Der Gartenraum ist – und war immer – der Raum für den Gärtner, in dem er ungehindert seine eigene Welt schaffen kann, und sollte sie anderen auch als der Gipfel des schlechten Geschmacks erscheinen. Maßstabsgetreue Nachbildungen des Steinkreises von Stonehenge mögen nicht jedermanns Vorstellung von einer angemessenen Vorgartengestaltung entsprechen, aber sie können durchaus der Stolz und die Freude ihres Besitzers sein.

Bizarr oder ein Stück Selbstverwirklichung?
Der Kieselgarten des Filmregisseurs Derek Jarman an der kahlen Küste von Kent

Große Ideen

Gelegentlich sind Gärten auch Orte, an denen die Besitzer politische Überzeugungen zum Ausdruck bringen können, etwa mit einer Beetbepflanzung in den Landesfarben oder durch die Gestaltung eines schmalen Beets in den Farben einer politischen Partei. Viktorianische Gärtner brachten einige ganz ungewöhnliche Pflanzenzusammenstellungen hervor und schufen mosaikartige Bilder von Kronen und Tieren in Teppichbeeten voller niedriger Sommerblumen. Diese Mode ist heute nur noch in großen Ausstellungen wie der Chelsea Flower Show oder in gut ausgestatteten Anlagen wie den Longwood Gardens in Pennsylvania (USA) lebendig.

Zu den ungewöhnlichsten Ideen, denen ich in letzter Zeit begegnet bin, zählte ein Garten mit Sommerblumen nur in Schwarz und Weiß und ein niedriges Labyrinth aus leuchtend farbigem Plastik, das eher wie ein großes Puzzle aussah.

In den Parks großer Landgüter kam es zeitweilig zu einer regelrechten Neuschöpfung der Welt. Im 18. Jahrhundert beschäftigte ›Capability‹ Brown ganze Heere von Arbeitern, die Hügel abtrugen und Seen aushoben, um so die Ansichten zu schaffen, die er in seinen Gartenplänen haben wollte. In Anlagen wie Biddulph Grange, Staffordshire, schufen die Viktorianer mit Gärten, die das alte Ägypten und China darstellten, eine Welt im kleinen. Heute lebt diese Form der Gartengestaltung am Strand des Golfs von Mexiko wieder auf, wo nach den Plänen von Sir Geoffrey Jellicoe mit den Moody Gardens ein gewaltiger ›Garten der Gärten‹ entsteht, in dem jeder nationale Gartenstil von der klassischen Zeit bis zur Gegenwart nachgebildet werden soll.

DER JAPANISCHE GARTEN

Bis heute sind japanische Gärten immer auch Ausdruck einer stark religiösen Weltsicht, die sich von der des Abendlandes unterscheidet. Stand in der christlichen oder der arabischen Tradition der Gedanke des ›verlorenen Paradieses‹ im Mittelpunkt eines Landschaftsentwurfs, so betonen in Japan shintoistische und taoistische Glaubensvorstellungen die Einheit mit der Natur durch ein Ausbalancieren gegensätzlicher Elemente, bis sich ein Zustand des Glücks einstellt. Japanische Gärten sind daher symbolisch oder allegorisch überhöht und stärker auf Kontemplation oder Meditation ausgerichtet.

Einen japanischen Garten anlegen

Wasser und Stein sind die entscheidenden Elemente, aber es erfordert Kenntnisse und auch ein wenig Sensibilität, beides so miteinander zu verbinden, daß im Endeffekt wirklich der Eindruck eines japanischen Gartens entsteht. Fließendes Wasser, eine Yang-Kraft, muß seinen Ausgleich finden in stehendem Wasser mit seinen Reflexen, das Yin darstellt. Hierzu können Sie Bachläufe, Wasserfälle und Fontänen mit Teichen kombinieren (einige Hinweise zu ihrer Anlage sind auf Seite 100 und 136 gegeben). Mit verwittertem Stein lassen sich Berge, durch Flächen von Sand und Kieselsteinen sanfte Hügel und Täler darstellen. Vergessen Sie westliches Symmetriestreben und gestalten Sie bewußt asymmetrisch, um dem Plan eine größere Naturnähe zu geben.

Bonsais, Brücken und Bambus sind ebenso wichtige Elemente bei der Gestaltung eines japanischen Gartens wie Ahorne und Asymmetrie.

Bei der Pflanzenauswahl sollten Sie die Immergrünen bevorzugen, besonders niedrigwachsende Koniferen. Wenn Sie einige der schönen japanischen Ahornarten hineinnehmen wollen, um der Herbstfarben willen, plazieren Sie sie in den Halbschatten und siedeln Sie Moos zu ihren Füßen an. Bei Blumen ist Zurückhaltung angesagt: die Japaner pflanzen sie nur als individuelle Elemente, um den Gesamtplan zu unterstreichen. Verarbeiten Sie traditionelle japanische Materialien wie gespaltenen Bambus für Zäune, um einen authentischen Eindruck zu erzielen. Ein Bereich im Halbschatten für Bonsai wäre wünschenswert. Ihr Anblick bietet die Möglichkeit, sich Gedanken über die Kräfte der Natur zu machen. Ein typisch japanischer Garten kann auf recht kleinem Raum, etwa in einem Hof, verwirklicht werden, und wenn Sie sich auf Bonsais beschränken, beansprucht er sogar noch weniger Platz. Eine weitläufige Anlage sollte dagegen immer Gehwege und kleine Pavillons in japanischem Stil enthalten. Ideal wäre natürlich, Sie hätten die Gelegenheit, vor Ort, etwa beim restaurierten Goldenen Pavillon oder beim Silbernen Pavillon in Kyoto, Anregungen zu sammeln und eine Vorstellung von Gartenarchitektur zu bekommen. Der kaiserliche Katsura-Palast, gleichfalls in Kyoto, ist ein gutes Beispiel für einen Meditationsgarten, dessen Gehwege die Reise der Seele durch die Welt zum Ausdruck bringen sollen, ganz in der Art, wie im Westen früher Priester und Gläubige kontemplative Labyrinthe durchwanderten. Gelungene Beispiele japanischer Gärten weit weg von ihrer Heimat kann man in San Francisco und in den Brooklyn Botanic Gardens in New York sehen, aber auch Anlagen in Düsseldorf oder Hamburg vermitteln ein gutes Bild.

Gegenüber: Ein Zen-Garten verkörpert die Kräfte der Natur, wobei Stein die ›männlichen und weiblichen Prinzipien‹ symbolisiert. Die gärtnerische Tätigkeit erschöpft sich im Rechen und Auflesen der Blätter. Dieser Garten ist ungewöhnlich, da er ohne Einfriedigung auskommt.

DER ZEN-GARTEN: IN DER BETRACHTUNG ZUR MEDITATION

Die sogenannten trockenen Gärten des Zen-Buddhismus wurden ursprünglich für die stille Betrachtung der Mönche entworfen und machten von Pflanzen wenig Gebrauch. Gewöhnlich waren diese Gärten von einer Mauer umgeben und enthielten Sandflächen, die in Mustern geharkt waren, um fließendes Wasser darzustellen, und Steine, die Berge bedeuten sollen. Die ›Gartenarbeit‹, das Harken von Steinen oder großen Kieseln, war ein religiöser Akt, und die Teezeremonien, an denen die Mönche teilnahmen, sollten sie erfrischen und während der langen Stunden ihrer Meditation wach halten.

Voraussetzung für einen solchen Garten ist eine regelmäßig geformte Fläche entfernt von überhängenden laubabwerfenden Bäumen. Zudem muß das Areal eingefriedet sein, entweder mit Mauern oder mit einem Bambuszaun. Legen Sie das ›steinerne Meer‹ ähnlich wie einen Weg mit einem ca. 8 cm tiefen, festen Fundament an, das sie mit Kieseln oder kleinen Steinen aufschütten. Dies soll verhindern, daß Unkräuter den Entwurf verderben.

Ein Zen-Garten dient der ruhigen Meditation; es ist zugleich eine Gartenform, die nur ganz wenig Pflege erfordert und so für vielbeschäftigte Menschen gut geeignet ist. Wenn Sie gerne Blumen ziehen und am liebsten in Blütenreichtum schwelgen, dann ist dies allerdings kaum der passende Garten für Sie, da dergleichen hier nicht vorgesehen ist.

Sehenswerte Zen-Gärten kann man in Japan im Daisen-Kloster und in Ryōan-ji im Daiju-in-Kloster besichtigen, beide in Kyoto. In den USA gibt es einen weitläufigen Zen-Garten in den Huntingdon Botanic Gardens nördlich von Los Angeles, und ein weiterer ist kürzlich im Hof des Herbariums der Royal Botanic Gardens in Kew, London, angelegt worden.

MITTELMEERSTIMMUNG IM STADTGARTEN

Wer das Mittelmeergebiet kennt, wird die Freude an einem kleinen Hof in der Stadt zu schätzen wissen, der übervoll ist von farbenfrohen, duftenden Pflanzen, die ihn an diese Gegend erinnern.

Mittelmeerklima – das sind heiße, trockene Sommer, gefolgt von kühlen, meist feuchten Wintern. Mittelmeerklima findet man in allen europäischen Ländern, die am Meer liegen, ebenso wie in Kalifornien, Chile, Südafrika und Südwestaustralien.

In manchen südenglischen Stadtgärten kann man ein Kleinklima vorfinden, das wegen der urbanen Aufheizung dem mittelmeerischen ähnelt. Diese Wärme wird noch gesteigert, wenn der Garten ummauert ist, da die Mauern tagsüber die Sonnenwärme speichern und sie nachts wieder abgeben. Der Chelsea Physic Garden ist dafür ein gutes Beispiel: Wenn im Winter morgens der ganze Garten gefroren ist, zeigt sich, daß eine Fläche von 1 m am Fuß jeder Mauer völlig frostfrei bleibt. Innerhalb dieser Zone können wir Oliven, Granatäpfel und andere empfindliche Pflanzen ziehen, die außerhalb nicht überleben würden.

Die Planung eines Mittelmeergartens

In einem kleinen Hof kann man Steinplatten oder Pflaster verlegen oder vielleicht sogar aus kleinen Kieselsteinen jene kunstvollen mosaikartigen Muster zusammensetzen, wie sie in italienischen und maurischen Gärten viel zu finden sind. Glasierte Kacheln in Mauernischen oder hinter Sitzplätzen schaffen eine spanisch oder portugiesisch anmutende Atmosphäre, die durch Statuen oder mittelgroße Fontänen noch verstärkt wird. Überlegt plazierte und passend bepflanzte Terrakotta-Urnen rufen Erinnerungen an Ferien in der Toskana wach. Versuchen Sie eine Bepflanzung mit kleinen Rankpflanzen wie dem blauen *Convolvulus sabatius*, dem rosa *C. althaeoides* oder dem aufregend scharlachroten *Lotus berthelotii.*

Die passende Pflanzenauswahl für einen Mittelmeergarten ist reich an immergrünen Pflanzen, an farbenfrohen Einjährigen und an Zwiebelpflanzen. Vielleicht gedeiht in Ihrer Region ja auch eine der weniger frostempfindlichen Palmen. Wenn Sie im Besitz eines Gewächshauses sind, steht Ihnen auch eine große Zahl nicht-winterharter mediterraner Pflanzen zur Verfügung, die Sie in Kübeln ziehen und im Winter hereintragen.

Ein mediterraner Hofgarten im Abendlicht: Kieselpflaster und Terrakotta-Töpfe bestimmen das Bild.

Nutzen Sie den besonders geschützten Platz an den Mauern immer für frostempfindliche Kletterpflanzen, und setzen Sie an den Fuß besonnter Mauern reichlich Zwiebelpflanzen, die die Sonnenhitze des Sommers lieben. Bestücken Sie Ihre Terrakotta-Töpfe mit nicht-winterharten Mehrjährigen, stellen Sie sich aber darauf ein, daß Sie sie jedes Jahr erneuern müssen.

Interessante Einzelpflanzen

Es gibt ein paar wirklich außergewöhnliche Pflanzen, die in großen Terrakotta- oder Holzbehältern markante Gestaltungselemente darstellen. Versuchen Sie es mit den verschiedenen Varietäten der Engelstrompete *(Brugmansia).* Der Korallenstrauch *Erythrina crista-galli* hat dunkelrote wächserne Blüten in aufrechten Trauben, die Sie jahrelang nicht im Stich lassen, sofern Sie den Strauch regelmäßig im Frühjahr kräftig zurückschneiden; er wird dann im Spätsommer an den Spitzen der neuen Triebe blühen. Der Paradiesvogel unter den Exoten, *Strelitzia reginae*, hat zwar auch hübsche Blätter, aber weit aufregender sind die faszinierenden Blüten, die an der Pflanze und auch in der Vase wochenlang halten. Denken Sie daran, daß die *Strelitzia* im Topf bleiben muß, um gut zu blühen, und daß alle derartigen Pflanzen für ihr Überleben Winterschutz benötigen. Nur so verbreiten sie auch in den nächsten Sommermonaten wieder ein Gefühl von Mittelmeer.

PFLANZEN FÜR MEDITERRANE GÄRTEN

Es folgt eine Aufstellung mediterraner Pflanzen unterschiedlicher Größe, die Ihrem Garten Blüten in leuchtenden Farben, ein üppiges Grün und vor allem einen charakteristischen Duft verleihen.

Der Versuch eines mediterranen Gartens lohnt sich nur dann, wenn Ihr Terrain wirklich extrem geschützt liegt.

	Name (botanisch/deutsch)	Maximale Höhe und Breite	Bemerkungen
	BÄUME		
c	*Cercis siliquastrum* / Judasbaum	4,5 × 3 m	schöne rosa Blüten an blattlosen Zweigen im Frühjahr
c	*Chamaerops humilis* / Zwergpalme	1,5 × 2,5 m	wo eine niedrige Palme erwünscht ist, gut geeignet
	Cupressus sempervirens 'Stricta' / Echte Zypresse	7,5 × 0,75 m	charakteristisches Merkmal der italienischen Landschaft
c	*Olea europaea* / Olive	4,5 × 3 m	schönes graues Laub; kann in sehr warmen Gärten Früchte tragen
c	*Trachycarpus fortunei* / Hanfpalme	7,5 × 2,5 m	reizvolle faserige Borke
	STRÄUCHER		
	Acacia dealbata/Silberakazie	9 × 6 m	schönes silbernes Laub und gelbe Blüten
c	*Albizia julibrissin* / Schlafbaum	9 × 6 m	feines Laub und rosa Blüten mit langen Staubfäden
c	*Beschorneria yuccoides*	3 × 1,8 m	eindrucksvolle rosa Blütenrispen
c	*Ceanothus* 'Concha' / Säckelblume	3 × 3 m	bringt im Spätfrühjahr tiefdunkelblaue Blüten hervor
c	*Clianthus puniceus* / Ruhmesblume	1,8 × 1,8 m	aufregend klauenförmige Blüten, in der Regel rot oder rosa
c	*Euphorbia mellifera* / Wolfsmilch	1 × 1 m	kuppelförmiger Strauch; nach Honig duftende Blüten
c	*Melianthus major* / Honigstrauch	2,5 × 3 m	schöne graue Blätter, bräunlich-rote Blüten
c	*Nerium oleander* / Oleander	3 × 3 m	Varietäten in Rosa, Aprikose, Lachs, Rot und Weiß
c*	*Plumbago auriculata* / Bleiwurz	2 × 1,5 m	die reinsten himmelblauen Blüten
c	*Punica granatum* / Granatapfel (und die Zwergform 'Nana')	3 × 2 m	scharlachrote Blüten
c	*Romneya coulteri* / Baummohn	120 × 120 cm	graues Laub, große weiße Blüten
	KLETTERPFLANZEN		
c	*Rosa banksiae* var. *normalis* 'Lutea'	7,5 × 4 m	eine Fülle winziger gelber Blüten
c	*Trachelospermum jasminoides* / Sternjasmin	6 × 3 m	köstlicher Duft
	STAUDEN		
c*	*Anthemis tinctoria* / Färberkamille	75 × 45 cm	gelbe gänseblümchenähnliche Blüten
c*	*Argyranthemum (Chrysanthemum)* (Sorten) / Wucherblume	75 × 45 cm	gänseblümchenähnliche Blüten in einer Vielfalt von Farben
c*	*Gazania* Hybriden	20–30 × 30 cm	eindrucksvolle zweifarbige gänseblümchenähnliche Blüten
	ZWIEBELPFLANZEN		
c	*Amaryllis belladonna*	60 × 30 cm	im Herbst rosa Blüten an blattlosen Stielen
c	*Scilla peruviana* / Blaustern	30 × 23 cm	dichte blaue Blütentrauben im späten Frühjahr

c Zu sehen im Chelsea Physic Garden, einem mediterranen Garten im Herzen Londons.
* Wird den Winter vermutlich nicht überstehen; schneiden Sie im Sommer Stecklinge, die Sie den Winter über unter Glas kultivieren.

DER GARTEN ALS THERAPIE

Viele Menschen erfahren Gartenarbeit als therapeutische Tätigkeit, selbst wenn sie sich dessen gar nicht bewußt sind – oder vielleicht gerade dann. In der Rehabilitation spielt heute das Gärtnern als eine Form der ›Beschäftigungstherapie‹ eine ähnliche Rolle wie die Kunsttherapie.

Es muß etwas an den Zyklen von Wachstum und Wandel sein, das den seelisch Kranken gut tut, etwas, das auch geistig behinderte Kinder und Erwachsene anspricht. Der Umgang mit Pflanzen ist ein Weg zurück zum Elementaren; bei der Gartenarbeit sind wir gezwungen, uns mit den Bedürfnissen der Pflanzen zu beschäftigen, und ihre Reaktionen auf uns können ein tiefes Gefühl der Freude auslösen, besonders bei Menschen, die vereinsamt sind.

Gärtnern kann auch Bestandteil der Ergotherapie sein, in der mit den Patienten nach schweren Verletzungen die Wiedererlangung der Geschicklichkeit trainiert wird. Viele der Werkzeuge, die hierfür entwickelt worden sind, leisten auch Behinderten bei der Gartenarbeit gute Dienste. Außerdem profitieren all jene davon, die im Alter gärtnern möchten und Hilfe bei den verschiedenen Gesundheitsproblemen brauchen, die ihnen dann Grenzen setzen. Passionierte Gärtner geben die Gartenarbeit nicht so leicht auf und werden alles tun, um dabeibleiben zu können.

Wie man den Zugang erleichtert

Für den behinderten wie für den gealterten Gärtner haben die Probleme, die ein Garten stellen kann, hauptsächlich mit dem Zugang zu tun, aber es gibt viele Möglichkeiten, diese Probleme mit etwas Weitsicht und einigen wenigen Investitionen zu lösen. Stufen und rutschige Wege lassen sich durch sanft ansteigende Rampen ersetzen, Türen, die in den Garten oder in das Gewächshaus führen, müssen breit genug für einen Rollstuhl sein. Beete sollten nur so breit sein, daß man sie leicht vom Weg aus erreichen kann. Legen Sie so viele Beete wie möglich erhöht an, wenn Sie sich nicht bücken können, und lassen Sie sich zu diesem Zweck Stützmauern bauen. Ersetzen Sie in Gewächshäusern und Frühbeeten Glas durch unzerbrechliches Material. Achten Sie darauf, welche verfügbare Art von Werkzeugen Ihnen helfen kann. Inzwischen gibt es im Fachhandel Werkzeuge mit langen Griffen, die man auch im Sitzen oder Stehen benutzen kann. Kaufen Sie immer leichte Werkzeuge mit Griffen aus Aluminium, Plastik oder Fiberglas. Es gibt auch Werkzeuge mit vergrößerten, leicht zu haltenden Griffen, und manche können mit Zügen versehen werden, so daß man sie notfalls mit nur einem Arm benutzen kann. Wenn Sie noch umgraben können, es aber mühevoll finden (und geht es uns nicht allen so?), dann benutzen Sie einen Spaten mit langem Griff oder einen Spezialspaten: er wirft die Erde mit Hilfe einer von Hand ausgelösten Feder zur Seite, so daß Sie sich nicht drehen müssen.

Gärtnern im Rollstuhl wird einfacher mit ›langstieligen‹ Werkzeugen und sicherer, wenn die Wege breit und eben sind.

Die Zeit nach der Pensionierung

Sie sollten es sich ehrlich eingestehen, wenn Ihr Garten inzwischen zu groß ist. Es bringt nichts, sich aus falschem Stolz zu plagen oder zu überarbeiten. Vielleicht können Sie einen Teil des Geländes verkaufen oder verpachten. Auch die Umstellung von arbeitsintensiven Stauden auf pflegeleichte Sträucher kann Erleichterung bringen. Vielleicht geht es ohne einen Rasen, und Sie lassen die Partie pflastern, so daß Sie Ihre Gartenarbeit an Hochbeeten und Kübelpflanzen tun können. Hecken, die viel Arbeit machen, lassen sich durch ästhetisch ansprechende Zäune oder Rankgitter ersetzen. Planen Sie Ihren Garten so, daß Sie immer nur wenig, dafür aber öfter darin arbeiten müssen.

Müssen Sie regelmäßig an eine bestimmte Stelle gelangen, dann lassen Sie dort Handläufe oder Griffe anbringen. Besonders wichtig sind auch Strategien zur Erleichterung der Bewässerung. Wenn Sie einen Schlauch benutzen können, sollten Sie eine Schlauchrolle oben an einer Mauer befestigen; wenn Sie in einer weniger wasserreichen Gegend leben, installieren Sie ein Verteilersystem, das Sie leicht mit Gießkannen von geringem Gewicht erreichen können. Mögen Sie Obst? Dann ziehen Sie es am Spalier, so daß Sie ohne Leiter und ohne schmerzhafte Verrenkungen ernten können.

Mit etwas Überlegung kann ein bereits vorhandener Garten ohne allzu große Ausgaben Ihren Bedürfnissen angepaßt werden. Manche Gartenbauverbände stehen dabei mit praktischen Hinweisen zur Seite.

WENN DER TAG SICH NEIGT

Die Blüthen hauchen ihre milden Düfte,
Die kosend leicht ein sanfter Wind entführt,
Sie rings verbreitend durch die lauen Lüfte,
Die er mit leisen Schwingen zart berührt;
Dann beugen sie die reichen Kronen nieder
Zu stiller Ruh im Friedenswehn der Nacht,
Bis segensreich der Sonne Strahl sie wieder
Erweckt und schmückt mit neu verjüngter Pracht.
aus: Des Abends Frieden
Oskar Ludwig Bernhard Wolff (1799–1851)

Gärten haben eine eigene Kraft der Beruhigung am Ende des Tages, wenn die Pflanzen sich von der Hitze erholen und in der Kühle des Abends wieder aufleben. Das trifft oft mit unserer eigenen Stimmung zusammen, wenn wir die Anstrengungen des Tages im Garten vergessen wollen.

Licht im Garten kann diese kostbaren Momente verlängern und verleiht der Anlage einen ganz eigenen Zauber. Vielleicht verschafft es Ihnen auch Einblicke in die Lebensweise nachtaktiver Tiere.

Gelegentlich kann man beinah zusehen, wie sich Pflanzen erholen: bei einem leicht welken Aussehen gelingt es ihnen, das Wasser schneller wieder aufzunehmen, als sie es über ihre Blätter verloren haben. Andere Pflanzen wiederum ›gehen schlafen‹: sie lassen ihre Blätter zur Ruhe hängen; besonders bei Sträuchern, die zur Familie der Hülsenfrüchtler gehören, kann man dies beobachten.

Ruhe und Erholung

Ruhe ist für den geistigen wie für den körperlichen Heilungsprozeß eminent wichtig. Bei zu wenig Schlaf leiden wir seelisch, und es scheint erwiesen, daß man eine Gelegenheit zum Träumen braucht, um den vergangenen Tag mit seinen Konflikten und Schwierigkeiten besser zu verarbeiten. Es gibt viele Pflanzen, die uns gerade hierbei helfen können, wenn wir ihre Wohltaten in Form von Kräutertees (siehe Seite 53) auf uns wirken lassen oder indem wir aus ihnen ein süß duftendes Kissen bereiten.

Der Abend ist von ganz besonderer Faszination.
Man kann ihr überall erliegen: in einem Innenhofgarten
in Marrakesch oder – wie vor Jahrhunderten die deutschen
Dichter der Romantik und der Klassik – in Wald und Feld.

WIE MAN EIN KRÄUTERKISSEN HERSTELLT

Nehmen Sie einen Kissenbezug, der zu den Farben Ihres Schlafzimmers paßt. Füllen Sie ihn mit getrockneten Hopfenblüten, am besten mit solchen aus dem Spätherbst. Streuen Sie eine gute Dosis Lavendelblüten darüber und verschließen Sie das Kissen. Legen Sie es unter den Kopf, damit es Ihnen beim Einschlafen hilft. Der Duft des Hopfens macht schläfrig, und der Lavendel wirkt entspannend. Frischen Sie die Mischung alle paar Monate mit einigen Tropfen konzentriertem Lavendelöl auf. Angenehme Träume!

LITERATURHINWEISE

1. KAPITEL
Die Naturheilkunde

Alber, Gregor, *Gesellschaftliche Stellung und Aufgaben des Medizinmannes bei Prärie- und Plainsindianern Nordamerikas*, Wyk 1992

Albucasis de Baldach, *Tacuinum Sanitatis in Medicina*, Faksimile und Kommentarband, Graz 1986

Asshauer, Egbert, *Heilkunst vom Dach der Welt · Tibets sanfte Medizin*, Freiburg 1993

Bittlinger, Arnold, *So heilen Schamanen · Schamanistische Heilungen im Licht von Bibel und Psychotherapie*, Kindhausen 1991

Boucsin, Horst U., *Die Begründung des Ähnlichkeitsprinzips durch Hahnemann aus heutiger Sicht · Aussagen aus Samuel Hahnemanns »Versuch über ein neues Princip...« (1796) im Vergleich mit modernen Autoren und ein Versuch der Überprüfung des Ähnlichkeitsprinzips*, Würzburg 1992

Braun von Gladiss, Karl H., *Ganzheitliche Medizin · Naturheilkunde, Umweltmedizin, Energiemedizin, kritisches Denken*, Südergellersen 1991

Culpeper, Nicholas, *Culpeper's Complete Herbal*, Nachdruck der Ausgabe von 1653, 1985

Dioskurides, *Codex Neapolitanus*, Faksimile und Kommentarband, Graz 1988

Dokumentation der besonderen Therapierichtungen und natürlichen Heilweisen in Europa, Essen 1992

Frank, Kai U., *Altchinesische Heilungswege · Das Handbuch der fernöstlichen Naturheilkunde*, Wiesbaden 1991

Genneper, Thomas, *Als Patient bei Samuel Hahnemann · Die Behandlung Friedrich Wiecks in den Jahren 1815/1816*, Heidelberg 1991

Gesund durch die heilenden Kräfte der Natur, München 1993

Haas, Hans, *Parabeln der Kräutermedizin · Geschichte der Heilpflanzenkunde*, Seeheim-Jugenheim 1989

Hahnemann, Samuel, *Organon der Heilkunst*, Heidelberg 1993

Heyn, Birgit, *Die sanfte Kraft der indischen Naturheilkunde · Ayurveda – Die Wissenschaft vom langen Leben*, München 1992

Hildegard von Bingen, *Heilkraft der Natur – »Physica«*, Freiburg 1993

Hildegard von Bingen, *Heilwissen · Von den Ursachen und der Behandlung von Krankheiten*, Freiburg 1992

Hoffmann, David, *Mit Kräutern gegen Stress · Ein medizinischer Ratgeber*, Augsburg 1992

Köhler, Peter K., *Klostergarten-Medizin · Das uralte Heilwissen der Mönche und Nonnen wiederentdeckt · Rezepte und Ratschläge für ein gesundes Leben*, Augsburg 1990

Krug, Antje, *Heilkunst und Heilkult · Medizin in der Antike*, München 1993

Leung, Albert Y., *Chinesische Heilkräuter*, München 1991

Lovelock, James, *Das Gaia-Prinzip · Die Biographie unseres Planeten*, München/Frankfurt 1993

Lovelock, James, *Gaia · Die Erde ist ein Lebewesen · Was wir heute über Anatomie und Physiologie des Organismus Erde wissen und wie wir ihn vor der Gefährdung durch den Menschen bewahren können*, München 1992

Mandl, Elisabeth, *Arzneipflanzen in der Homöopathie*, Wien 1985

Mességué, Maurice, *Von Menschen und Pflanzen · Leben und Rezepte des berühmten Naturarztes*, Darmstadt 1989

Nazim 'Adl al-Haqqani, Muhammad, *Gegen jede Krankheit gibt es ein Mittel · Die natürliche Medizin der Sufi-Meister*, Bonndorf 1991

Pálos, Stephan, *Chinesische Heilkunst · Das Standardwerk zur Einführung in Theorie und Praxis der altbewährten Naturheilkunde der Chinesen – Akupunktur, Moxibustion, Heilmassage, Heilgymnastik, Atemtherapie*, Bindlach 1990

Paracelsius, *Vom eigenen Vermögen der Natur · Ausgewählte Texte*, Frankfurt 1988

Rätsch, Christian, *Indianische Heilkräuter · Tradition und Anwendung · Ein Pflanzenlexikon*, München 1993

Rothschuh, Karl E., *Naturheilbewegung – Reformbewegung – Alternativbewegung*, Stuttgart 1983

Saathen, Michael/Dreher, Evelyn, *Alternative Therapien von A–Z*, München 1993

Schimmel, Klaus (Hrsg.), *Lehrbuch der Naturheilverfahren*, 2 Bde., Stuttgart 1990

Seng, Gunther (Hrsg.), *Naturheilverfahren und Homöopathie · Methoden, Krankheiten und ihre Behandlung*, Stuttgart 1989

2. KAPITEL
Den Körper kurieren

Bach, Edward, *Blumen, die durch die Seele heilen · Die wahre Ursache von Krankheit – Diagnose und Therapie*, München 1992

Beckmann, Dieter und Barbara, *Alraun, Beifuss und andere Hexenkräuter · Alltagswissen vergangener Zeit*, Frankfurt 1990

Blome, Götz, *Mit Blumen heilen · Die Blütentherapie nach Dr. Bach*, Freiburg 1993

Boxer, Arabella / Back, Philippa, *Das große Kräuterbuch · Für Küche, Garten, Schönheit und Gesundheit mit 275 Kochrezepten*, Bindlach 1991

Brunfels, Otto, *Contrafayt Kreuterbuch*, Nachdruck der Ausgabe von 1532, München 1981

David, Marc, *Vom Segen der Nahrung · Ein ganzheitliches Konzept des Essens · Psychologische und spirituelle Aspekte der Ernährung*, Interlaken 1992

Diener, Harry, *Arzneipflanzen und Drogen*, Leipzig 1989

Ein Koch- und Arznei-Buch, Nachdruck der Ausgabe Grätz 1686, Graz 1992

Fritzsche, Helga, *Heil- und Gewürzkräuter aus dem eigenen Garten*, Stuttgart 1990

Hayfield, Robin, *Homöopathie bei Beschwerden · Die sanfte Art zu heilen*, München 1993

Heeger, Erich F., *Handbuch des Arznei- und Gewürzpflanzenanbaus*, Frankfurt 1989

Hillier, Malcolm, *Duftende Kräuter · Kochen & backen mit Kräutern – Dekorationen – Kosmetik – Heilmittel*, Köln 1993

Hohenberger, Eleonore, *Die Heilkräfte der Gartenpflanzen*, München 1991

Holzner, Wolfgang, *Das kritische Heilpflanzen-Handbuch · 10 Experten untersuchen, was Heilpflanzen wirklich können*, Wien 1985

Lao Shin, Zeané, *Nahrung als Weg · Ein Weg unter vielen*, Laer 1991

Larkom, Joy, *Der Grünkostgarten · Salate – Gemüse – Keime – Kräuter*, München 1986

Mautner, Uli / Küllenberg, Bernd, *Arzneigewürze*, Wiesbaden 1989

Mességué, Maurice / Bontemps, Michel, *Heilpflanzen · Therapie-Lexikon*, Darmstadt 1991

Mihailescu, Gisela und Andreas, *Gegen jede Krankheit ist ein Kraut gewachsen · Rezepte der modernen Pflanzenheilkunde und ihre Anwendung,* Bindlach 1985
Ohsawa, Georges, *Praktischer Leitfaden der makrobiotischen Heilkunde des Fernen Ostens · Lehrgang über die Philosophie und die Medizin des Fernen Ostens*, Laer 1991
Polunin, Miriam / Robbins, Christopher, *Die natürliche Hausapotheke · Heilen und gesund bleiben mit pflanzlichen, tierischen und mineralischen Stoffen,* München 1993
Salajan, Joanna / Cornelissen, Sita, *Bach-Blütentherapie · Zubereitungen und Anwendungen*, Braunschweig 1992
Schneider, Georg, *Arzneidrogen*, Mannheim 1990
Schwamm, Brigitte, *Atropa Belladonna · Eine antike Heilpflanze im modernen Arzneischatz*, Stuttgart 1988
Seitz, Paul, *Die Gartenapotheke · Heilkräuter anbauen und verwenden,* Stuttgart 1992
Sengupta, Christine / Grob, Peter / Stüssi, Hans, *Medikamente aus Heilpflanzen · Von der Aloe zur Zitronenmelisse*, Zürich 1991
Stevens, David, *Der wohnliche Garten · Wege, Zäune, Terrassen, Rankgerüste, Wasserbecken und vieles mehr,* München 1992
Zimmerer, E. M., *Kräutersegen · Die Bedeutung unserer vorzüglichsten heimischen Heilkräuter in Sitte, Sage, Geschichte und Volksglauben und ihre praktische Verwendung als Hausmittel,* Nachdruck der Ausgabe von 1896, Donauwörth 1983

3. KAPITEL
Die Sinne wecken

Allison, James, *Gärten mit Wasser,* Melle 1992
Davies, Patricia, *Aromatherapie A–Z,* München 1990
Fischer, Meike / Haller, Svenja, *Kosmetik aus dem Garten,* Stuttgart 1993
Godson, Petra, *Farben und Gesundheit · Die praktische Anwendung der heilenden Farbschwingungen,* Piesport 1991
Hobhouse, Penelope, *Farbe im Garten,* Stuttgart 1986
Hulke, Waltraud M., *Das Farben-Heilbuch · Über den praktischen Umgang mit Farben und ihre Wirkungen auf Körper, Seele und Geist*, Aitrang 1992
Jekyll, Gertrude, *Pflanzenbilder aus meinen Gärten · Über englische Gartengestaltung*, Stuttgart 1988
Jünemann, Monika / Obermayr, Walburga, *Aroma-Kosmetik · Schönheit durch Düfte · Die Anwendung ätherischer Öle für Schönheit, Wohlbefinden und Sinnlichkeit*, Aitrang 1991
Kammerer, Richard, *Die heilenden Kräfte der Düfte und Farben · Praktischer Ratgeber für Gewinnung und Anwendung der ätherischen Öle und Farbtherapie,* München 1991
Keen, Mary, *Gärten in allen Farben · Die schönsten Kombinationen in Blau, Rot, Gelb, Grün, Weiß,* München 1992
Keller, Erich, *Erlebnis Aromatherapie · Wie Düfte auf unsere Gefühle wirken,* München 1993
Lacey, Stephen, *Der duftende Garten · Vorschläge für Anbau und Pflege wohlriechender Pflanzen,* Köln 1992
Price, Shirley, *Aromatherapie bei Beschwerden · Heilen und pflegen mit ätherischen Ölen,* München 1992
Price, Shirley, *Praktische Aromatherapie · Vitalität und Lebensfreude durch ätherische Öle,* Neuhausen am Rheinfall 1992
Pütz, Jean / Niklas, Christine, *Gesundheit mit Kräutern und Essenzen · 1000 Anregungen und Rezepte (Hobbythek),* Köln 1991
Strassmann, René A., *Duftheilkunde,* Aarau 1991
Strassmann, René A., *Heilen mit Räucherstoffen,* Aarau 1992
Wright, Machaelle S., *Blüten heilen die Seele · Die Perelandra-Blütenessenzen,* München 1990

4. KAPITEL
Den Geist entspannen

Boisset, Caroline, *Harmonische Gartengestaltung · Die Grundelemente: Formen, Farben, Wachstumszeiten,* Augsburg 1992
Gallup, Barbara / Reich, Deborah, *Geformte Pflanzen · Eine alte Gartenkunst neu entdeckt,* Köln 1989
Graham, Rose, *Gärten im englischen Stil · Anregungen und Gestaltungsvorschläge aus verschiedenen Epochen,* München 1990
Hobhouse, Penelope, *Die Kunst der Gartengestaltung,* Köln 1989
Keswick, Maggie, *Chinesische Gärten · Geschichte, Kunst und Architektur,* Stuttgart 1989
Lloyd, Christopher / Bird, Richard, *Kleine Gartenparadiese · Der Cottage-Garten,* Köln 1990
Lonegren, Sig, *Labyrinthe · Geschichte und Nutzungsmöglichkeiten heute,* Frankfurt 1993
Meyer, Hans, *Formale Gärten · Gestaltungselemente und Anlage architektonischer Gärten,* Stuttgart 1991
Strong, Roy, *Architektonische Gärten und Gartenteile · Entwerfen und anlegen,* Stuttgart 1992
Wirth, Lore, *Der Burggarten · Kräutergarten und Rosengarten, gestaltet nach Vorbildern aus dem Mittelalter,* Dreieich 1991
Witt, Reinhard, *Naturoase Wildgarten · Überlebensraum für unsere Pflanzen und Tiere · Planung, Praxis, Pflege,* München 1992

REGISTER

Kursiv gesetzte Seitenzahlen verweisen auf Abbildungen.

DANKSAGUNG

Die Autorin bedankt sich bei:
Penny Hammond für Mitarbeit und Anregungen; Dr. Arthur Hollman für pharmazeutische Auskünfte; Susyn Andrews für die Klassifizierung von Lavendel; den Wellcome Galleries of the History of Medicine; Roy Genders für die Klassifizierung der Pflanzendüfte; J. and J. Colman of Norwich, England, für Auskünfte über die Geschichte des Senfs; Penelope Hobhouse für ihre bahnbrechende Arbeit über Farbgestaltung; Celia Toler, Maureen O'Grady und Alistair Aitken für Arbeiten am Manuskript.
Abdruck des Plans auf Seite 19 mit freundlicher Genehmigung der Royal Society.
Die Tabelle auf Seite 63 entstand unter Mithilfe von Dr. Arthur Hollman, Royal College of Physicians of London und Mitarbeiter am Chelsea Physic Garden.
Das Rezept für Welsh Rarebits (Seite 81) stammt von J. and J. Colman of Norwich, England.
Die Tabelle auf Seite 105 basiert auf: Roy Genders, Scented Flora of the World: An Encyclopaedia, 1978.
Das Potpourri-Rezept (Seite 113) stammt aus: Michael Gibson, The Book of the Rose, 1980.

ABBILDUNGSNACHWEIS

Sue Atkinson S. 26, 48, 74 oben, 82, 88, 91, 115; Trygve Boistad/Panos Pictures S. 35; Linda Burgess/The Garden Picture Library S. 49; Neil Campbell-Sharp/Trip S. 40, 52, 54, 63 oben, 108, 119 rechts, 144; The Chelsea Physic Garden S. 12, 16, 18, 19 links u. rechts, 21, 22, 45, 109; Geoff Dawn/The Garden Picture Library S. 145; Liz Eddison S. 2, 6, 8–9, 47, 60, 62 links, 63 unten, 73 links u. rechts, 75, 76, 79, 98, 99, 101, 104 links u. Mitte, 113, 114, 117; Mary Evans S. 10, 11, 13 oben, 28; John Glover S. 29, 30–31, 36, 39, 41, 58, 59, 62 rechts, 68–69, 73 Mitte, 74 unten, 92 links, 96 rechts, 102–103, 107, 125, 126, 128, 134, 146; Jerry Harpur S. 34, 38, 42, 43, 56, 83, 85, 106, 129, 130, 142, 150, 152, 155; Marijke Heuff/The Garden Picture Library S. 96 links; Neil Holmes/The Garden Picture Library S. 118; The Hutchinson Library S. 13 unten, 14, 25; Andrew Lawson S. 44, 50 oben u. unten, 65, 72, 94, 100, 131, 132, 138; Frank Leather/Trip S. 148; Tania Midgley S. 55, 92 rechts, 104 rechts, 120–121, 135, 139, 141, 143; Sue Minter/The Chelsea Physic Garden S. 86, 140; Oxford Scientific Films S. 24; Jerry Pavia/The Garden Picture Library S. 57, 149; The Harry Smith Collection S. 66, 80, 81, 119 links; Perdereau Thomas/The Garden Picture Library S. 136; May Woods/The Garden Picture Library S. 17.
Illustrationen Lynn Chadwick
Strichzeichnungen
(Umschlag) Sarah Howard